Axure RP 8.0
入门宝典

陪学网 Andy◎编著

网站和 APP 原型设计实战

U0390251

人 民 邮 电 出 版 社
北 京

图书在版编目（CIP）数据

Axure RP 8.0入门宝典：网站和APP原型设计实战 /
陪学网Andy 编著. -- 北京：人民邮电出版社，2016.7（2022.8重印）
ISBN 978-7-115-42451-8

Ⅰ. ①A… Ⅱ. ①陪… Ⅲ. ①网页制作工具 Ⅳ.
①TP393.092

中国版本图书馆CIP数据核字(2016)第110217号

内 容 提 要

全书用 5 章来介绍 Axure 软件的使用方法，包括 Axure 的介绍及安装、Axure 的窗口及常用部件、交互事件及动作，以及实战交互案例和整站案例等内容。初接触产品或有志成为产品经理的朋友通过对本书的阅读，可以快速掌握 Axure 软件的使用方法。

本书提供 PPT 教学大纲以及实战中使用的素材和原型文件，方便读者学习使用；另外，附赠陪学网 32 集课程视频，进一步提升读者的软件操作能力。扫描封底"资源下载"二维码，即可获得下载方法，如需资源下载技术支持请致函 szys@ptpress.com.cn。

本书适合 Axure 的初学者，也适合有一定的软件基础，需要进行产品原型设计的专业人士阅读和参考，同时可以作为相关院校和培训机构的教材。

♦ 编　　著　陪学网 Andy
　　责任编辑　张丹丹
　　责任印制　陈　犇
♦ 人民邮电出版社出版发行　　北京市丰台区成寿寺路 11 号
　　邮编　100164　　电子邮件　315@ptpress.com.cn
　　网址　http://www.ptpress.com.cn
　　北京天宇星印刷厂印刷
♦ 开本：690×970　1/16
　　印张：19.25　　　　　　　　2016 年 7 月第 1 版
　　字数：369 千字　　　　　　2022 年 8 月北京第 13 次印刷

定价：69.00 元

读者服务热线：(010)81055410　印装质量热线：(010)81055316
反盗版热线：(010)81055315

Preface | 前言

在使用Axure软件进行产品设计之前，我一直使用其他软件进行产品规划。直到某天被推荐使用了Axure，我才将所有的原型文件都搬进了Axure。只因为在Axure中制作的原型可以添加链接、做切换面板、做焦点图……这些交互设置，让产品评审会议上的原型演示变得方便了许多，不用在多个页面间切换说明某个按钮的链接指向，也不再需要一个又一个切换面板的查找说明业务需求。Axure提供的交互原型非常便利，使其被使用得越来越广泛，甚至还出现了专门介绍Axure的课程与书籍，如本书。

基于对Axure工具的支持，每个案例的选择我都期望体现Axure工具的特点；基于大量Axure学员的使用体会，在内容组织时我选取了Axure初学者容易提问、容易产生困惑的内容。避免购买者失望，实现其开卷有益的期望。

本书特点：

内容全面： 本书内容包括了软件窗口功能、部件属性、交互要素和实战案例（场景、整站），在结构上是完整的。以这几部分内容为纲加深对Axure工具的学习，每部分原型工具的知识都不会被遗漏。

由浅入深： 本书共分为5章，前3章为基础内容，后2章为案例应用，了解基础内容后，再学习案例操作技法会达到融会贯通的效果。另外，基础内容也是由安装到动作由浅入深的设置。案例应用同样由场景案例到整站案例循序渐进的编排。

案例学习： 本书主要以案例的方式进行讲解，全书每个章节的主要内容都是案例。由于学习的是Axure工具软件，所以用案例来学习软件内容是最容易被接受的方式。

学练结合： 案例讲解采用的是步骤说明方式。另外，本书提供案例中使用的图片素材和源文件，读者可以使用图片素材和源文件对案例进行实际操作。

本书提供的图片素材、原型源文件、视频文件和PPT课件，可通过扫描右侧或封底的"资源下载"二维码得到获取方式。

资源下载

作者

2016年5月23日

Contents | **目录**

第 **1** 章

初识Axure RP

Axure作为设计类软件，其在产品开发过程中的作用是什么？技术人员觉得Axure做出的文件无法在开发中直接使用所以是在浪费资源；业务人员认为Axure太过专业，使用起来太困难。本章将详细讲解Axure在产品设计、开发等阶段的作用及软件安装和学习资源。

本章知识点

- Axure RP的介绍
- Axure RP的安装与卸载
- Axure RP的参考资源介绍

1.1　关于Axure RP

Axure RP是一个专业的快速原型设计工具，是由美国Axure Software Solution公司开发的旗舰型产品。Axure RP中的Axure（发音：Ack-sure）代表美国Axure公司；RP则是Rapid Prototyping（快速原型）的缩写。

随着Axure RP原型设计工具的广泛应用，Axure RP已经被很多大型企业所采用。而Axure RP工具的使用者也越来越趋于多样，不但包括了最初Axure RP原型工具的市场主推者产品经理、需求工作人员以及专注功能交互、界面设计的交互设计师、可用性专家、UI设计师等，而且从事其他产品的规划、设计、开发、测试、运营工作的，如商业分析师、信息架构师IT咨询师、架构师、程序开发工程师等也在使用Axure。

虽然业内对原型工具的使用存在着两种不同的声音，一种声音召唤着大家，作为产品人手绘原型已经足够；而另一种"工欲善其事，必先利其器"的说法则像打不死的"小强"，鼓舞着一批又一批初为产品人的职场"小白"。其中Axure RP就是常被点名的工具之一。但不论怎样，Axure RP作为实现最佳产品的一款优秀沟通工具，我们可以先了解并认识它，然后合理、最大化地利用它。当然，千万不要将工具用成了负担。

Axure RP快速创建的应用软件和Web网站的线框图、流程图、原型和规格说明文档，作为专业的产品交流辅助工具，在多个企业、多个项目、多个阶段中，得到了极大的认可。它能快速、高效地创建产品原型，特别是支持多人协作设计和版本控制管理的产品设计模式，已经被很多企业所接受。甚至在企业产品经理的招聘技能要求中，"能够使用Axure"已经基本成为标配要求。

Axure RP和其他软件一样，经历了数次的软件版本更新。现在最高版本为Axure RP 8.0版，而本书就是以8.0为参照版本进行编写。如果因为企业、项目等限制，使你现在还在使用较低版本的Axure RP软件。那么，除了版本更新时的新增部件、动作的介绍内容无法使用外，其他的内容同样是具有参考价值的。

1.2　Axure RP的安装与卸载

要使用Axure RP原型工具，首先要将软件安装到计算机中。

在Axure官网可以下载到最新Axure RP 8.0版本的软件安装包。安装包有Windows和iOS两个版本，用户可以根据自己使用的系统下载合适的版本。

当然，如果无法登录国外的网站，您也可以通过搜索来获得相应版本的安装包。下载后的安装包，如下图所示。

有必要说明的是，Windows和iOS版本的Axure RP原型工具中附带的原型部件是通用的。另外，不论是在Windows还是在iOS版本中制作的.RP原型文档，都可以在不同操作系统（Windows/iOS）下的Axure RP原型工具中打开。

1.2.1　Axure RP软件安装

由于大部分的Axure RP学习者使用的是Windows版本的Axure RP原型工具。所以在本书中将主要介绍Windows下的Axure RP软件的安装及卸载方法。

在开始安装前，需确认两件事情。

计算机硬件及Windows环境符合软件安装要求

具体可以参考Axure官网的安装指引说明，PC系统要求如下。

- » Windows XP、2003 Server、Vista 7或8
- » 内存2 GB（建议4 GB）
- » 主频1 GHz
- » 硬盘空间5 GB
- » 文档需使用：Microsoft Office 2000、2003、2007、2010或2013
- » 原型需使用：IE 7、Firefox、Safari、Chrome

Axure RP 8.0安装包已经成功下载，接下来，就让我们开始安装Axure RP原型工具吧！

实战：Axure RP软件安装步骤

步骤1

找到Axure安装文件Axure RP 8.0正式版-Setup.exe。

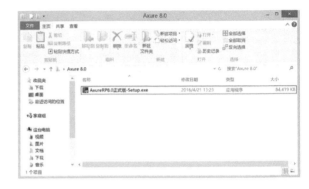

步骤2

双击安装文件Axure RP 8.0正式版-Setup.exe。

步骤3

进入Axure安装界面，第一步，不用做任何修改，直接单击"Next"按钮。

步骤4

进入安装协议，勾选"I Agree"，单击"Next"按钮。

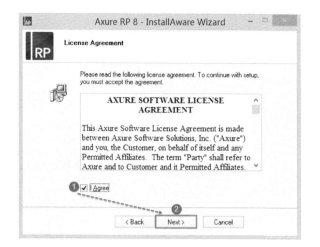

步骤5

设置Axure安装地址，默认地址为C:\Program Files (x86)\Axure\Axure RP 8，如要修改可以单击"Browse"按钮，选择自定义地址，然后单击"Next"按钮。

步骤6

设置软件文件夹名称，默认为Axure。通常这里不用做修改，单击"Next"按钮。

步骤7

　确认安装后，单击"Next"按钮。

步骤8

　开始安装。

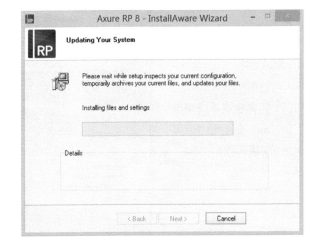

步骤9

　安装成功，首次打开Axure。

步骤10

首次打开Axure时，会显示"软件授权密钥"窗口。输入可用的"用户名"和"密码"并单击"提交"按钮，即可完成软件的注册。

1.2.2　Windows环境下的Axure汉化

常用的Axure8.0汉化包，需要分两次对软件进行汉化。首先需要汉化Axure RP软件，然后再对Axure自带的部件进行汉化。

在软件的使用过程中发现，如果计算机上安装过汉化的Axure软件，再进行安装，汉化软件时Axure部件会一起被汉化，就不需要再对Axure部件进行汉化了。

下面，我们就来看看如何对Axure软件及其部件进行汉化。

实战：Axure软件汉化步骤

步骤1

找到Axure软件汉化文件夹"lang"。

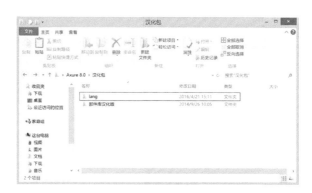

步骤2

　　找到Axure安装地址C:\Program Files (x86)\Axure\Axure RP 8。

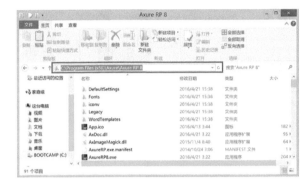

步骤3

　　将"lang"文件夹复制到步骤2的地址中。

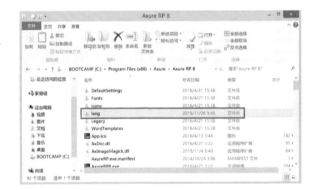

步骤4

　　打开Axure软件，已完成软件的汉化。

实战：Axure部件汉化

步骤1

找到Axure部件汉化文件"线框图.rplib"和"流程图.rplib"。

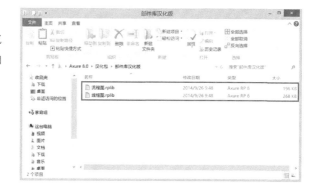

步骤2

找到Axure安装地址中保存部件的文件夹，默认地址为C:\Program Files (x86)\Axure\Axure RP 8\DefaultSettings\Libraries。

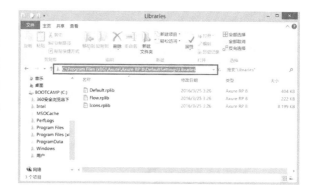

步骤3

将部件汉化文件"线框图.rplib"和"流程图.rplib"复制到步骤2的文件夹中（原文件夹中的"Default.rplib"和"Flow.rplib"文件可保留也可以删除）。

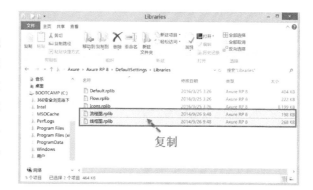

1.2.3　Axure RP软件卸载

Axure软件的卸载与安装过程大体相同。卸载途径多样，例如，在控制面板、360软件管家中都可以卸载Axure RP软件。

实战：Axure RP软件卸载步骤

步骤1

在所有程序中，找到Axure8.0卸载文件，单击"Uninstall Axure RP 8 Beta"选项。

步骤2

进入卸载窗口，选择"Uninstall"，单击"Next"按钮。

步骤3

确认卸载后，单击"Next"按钮。

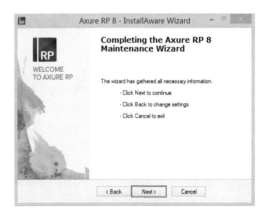

步骤4

进入卸载成功提示界面，单击"Finish"按钮，完成卸载。

1.2.4 Axure浏览器插件安装

为什么要安装Chrome浏览器的Axure原型插件？下图所示的是我们在Axure中制作原型后，如果没有安装Axure插件，在Chrome浏览器中打开原型文件时的页面。所以，习惯使用Chrome的用户，想要正常查看原型文件，就快安装Axure原型插件吧。

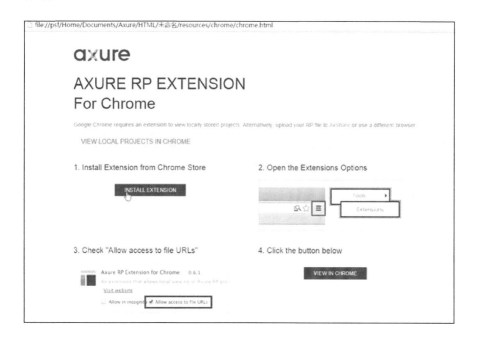

实战：安装Chrome浏览器的Axure原型插件步骤

步骤1

未安装Axure插件，在Chrome浏览器中打开原型文件时，打开页面会提示安装相关插件。

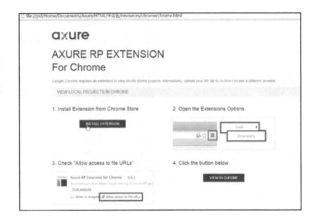

步骤2

在应用商店中下载Axure插件"Axure-RP-Extension-for-Chrome-0.6.2.crx"。

步骤3

打开Chrome浏览器的扩展程序界面。

步骤4

将"Axure-RP-Extension-for-Chrome-0.6.2.crx"文件拖入扩展程序界面。

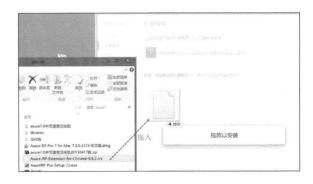

步骤5

　　确认新增扩展程序窗口，单击"添加"按钮。

步骤6

　　安装插件后，勾选"允许访问文件网址"复选框，至此，Chrome浏览器Axure原型插件安装完成。

1.3　Axure RP参考资源

1.3.1　软件授权

　　长期、稳定地使用Axure RP软件，需要输入授权密钥。我们在Axure RP软件工具栏的帮助选项卡中找到管理授权选项并打开"管理授权"窗口，如右图所示。

　　输入被授权人和授权密码，然后单击"提交"按钮，完成对Axure RP软件的授权。

1.3.2　Axure RP在线学习

　　Axure RP官网中，有Axure的使用教程。在软件工具栏的帮助选项卡中有一个在线培训教学的选项，单击后也能进入官网的使用教程频道中，如下图所示。

　　Axure官网的培训教程内容对于初学者来说还是十分适用的。但由于是英文教程，所以在阅读时可能会有一定的困难。不过还是建议学习Axure的读者，能在遇到一些无法解决的问题时，到官网的培训教程中仔细查找，因为很有可能会有一些不同的发现。

第 **2** 章

Axure RP基本操作

不少Axure初学者，在刚开始接触Axure时都热情高涨，希望能快速学会一个甚至多个酷炫效果。但在操作时却错误百出，而出错的大部分原因是不了解部件属性或基本交互要素。Axure RP 8.0软件的6大窗口集合了原型制作和交互设计的所有属性。所以，建议初学者从软件窗口开始学习，对软件工具基本了解后再去学习主要部件的应用。避免在初学期间因部件属性和交互要素等问题使原型漏洞百出，而打击学习热情。

本章知识点

■ 了解Axure软件的6大窗口及其功能
■ 常用原型设计部件

2.1 认识Axure RP工作界面

成功安装Axure RP后，在Windows开始菜单中找到Axure图标并单击启动Axure。打开Axure软件后，首先会出现欢迎界面，如下图所示。

选择欢迎界面中的 ⬚ NEW FILE，进入Axure软件界面并打开一个"未命名.rp"文件。

在Axure的初始界面中有6个窗口，分别是页面窗口、部件窗口、母版窗口、检查窗口、部件管理窗口和线框图编辑窗口。

另外，在Axure界面的顶端，还有软件的菜单栏和工具栏，如下图所示。

2.1.1 页面窗口

在Axure中进行原型设计，首先要使用的就是页面窗口。我们需要在窗口中创建项目页面，并对项目中的页面进行管理。

由此可见，页面窗口是Axure软件中用来创建和管理项目页面的窗口。初次打开Axure软件界面时，页面窗口如下图所示。

下面，我们就以一个企业的网站页面结构图为例，学习如何在页面窗口中创建项目页面结构。

实战：在页面窗口中创建企业网站页面结构

通常在进行项目原型设计之初，项目已经完成了业务流程和需求分析。而在此基础上，我们会制作出企业网站的页面结构图，如下图所示。

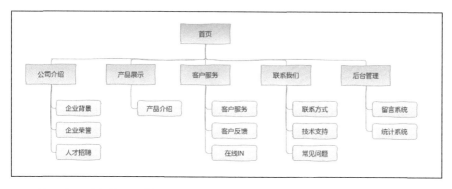

接下来，我们就需要使用Axure对原型界面进行设计。在正式进行原型界面设计之前，我们首先需要根据企业网站的页面结构图，在页面窗口中创建出对应的项目页面。

创建企业网站（项目）页面步骤

步骤1

    选择"Home"页面，然后单击页面名称，使页面名称处于可编辑状态。删除原页面名称，重新命名当前页面为"首页"。

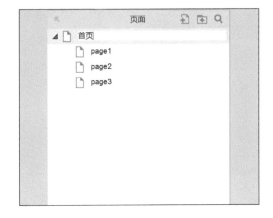

步骤2

    选择"Page 1"页面，然后单击页面名称，使页面名称处于可编辑状态。删除原页面名称，重新命名当前页面为"公司介绍"。

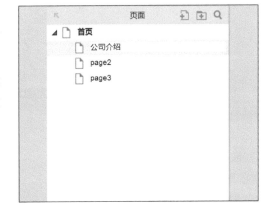

步骤3

    选择"公司介绍"页面，然后单击鼠标右键打开快捷菜单，选择"添加-子页面"，添加"New Page1"页面，并修改页面名称为"企业背景"。

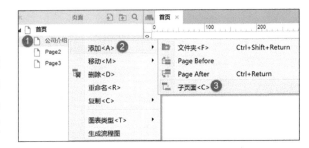

步骤4

    单击"Page2"页面，将其重命名为"企业荣誉"。单击"降级"按钮，设置"企业荣誉"页面为"公司介绍"的子页面。

单击"向下移动"按钮,将"企业荣誉"页面放置在"企业背景"页面的下面。

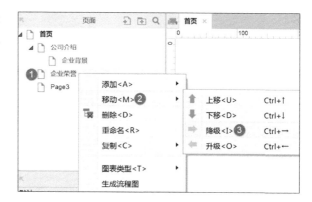

步骤5

选中"企业荣誉"页面,然后单击鼠标右键打开快捷菜单,选择"添加-Page After",新增1个"New Page1"页面,将其重命名为"人才招聘"。

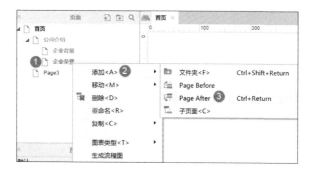

步骤6

选择"公司介绍"页面,然后单击鼠标右键打开快捷菜单,选择"复制-分支",复制1个"公司介绍"页面及其子页面的副本。

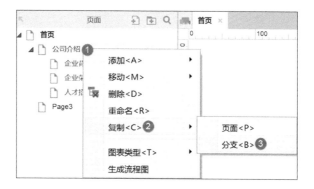

步骤7

将"公司介绍的副本"和"企业荣誉"页面重命名为"产品展示"和"产品介绍"。

步骤8

选中"企业荣誉"页面，按住"Shift"键的同时选中"人才招聘"页面，然后单击"删除"按钮，同时删除两个选中的页面。

步骤9

重复步骤6~8，完成"客户服务""联系我们"和"后台管理"频道的各级页面。

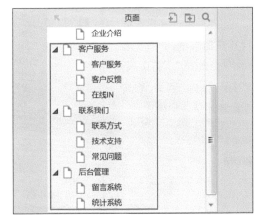

步骤10

选中"Page 3"页面，然后单击鼠标右键打开快捷菜单，选择"删除"，删除"Page 3"页面。

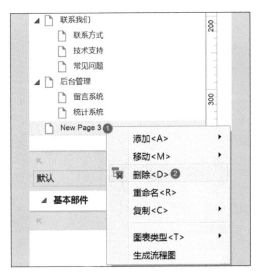

到这里，我们就完成了企业网站（项目）页面的搭建工作，如右图所示，看着还不错吧。

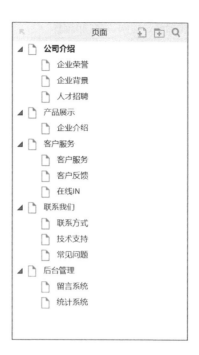

页面窗口中的常用功能

通过对企业网站页面的创建，你是否对页面窗口的作用及其功能有了一定的了解？

下面为大家总结了进行原型设计时，页面窗口中最常用的功能。

新增、移动与删除页面

页面	新增页面 选中当前页面，单击"添加页面"按钮，即可在当前页面之后新增页面
页面	新增文件夹 选中当前页面，单击"添加文件夹"按钮，即可在当前页面之后新增文件夹
上移<U>　Ctrl+↑ 下移<D>　Ctrl+↓ 降级<I>　Ctrl+← 升级<O>　Ctrl+←	上移、下移、降级、升级 选中一个页面/文件夹后，选择操作选项，即可实现对页面/文件夹的移动
添加<A> 移动<M> 删除<D> 重命名<R> 复制<C> 图表类型<T> 生成流程图	删除页面 选择一个不带子页面的页面，选择"删除"，即可把选择的页面删除；如果选择的是有子页面的页面，需要在确定删除包括子页面后，将二级页面同时删除

重命名、搜索、复制页面

添加 `<A>` ▸ 移动 `<M>` ▸ 删除 `<D>` 重命名 `<R>` 复制 `<C>` 图表类型 `<T>` ▸ 生成流程图	**重命名页面** 选择一个页面，单击鼠标右键打开快捷菜单；选择"重命名"，然后删除原页面名称，对页面进行重新命名
页面 ⬓ ⬒ 🔍	**搜索页面** 单击页面窗口的搜索按钮，在搜索框内输入需要搜索的页面名称，即可进行页面搜索
添加 `<A>` ▸ 移动 `<M>` ▸ 删除 `<D>` 重命名 `<R>` 复制 `<C>` ▸ 图表类型 `<T>` ▸ 生成流程图	**复制页面** 选择一个页面，单击鼠标右键打开快捷菜单，选择"复制"，即可复制页面

设置流程图、线框图页面、生成流程图

添加 `<A>` ▸ 移动 `<M>` ▸ 删除 `<D>` 重命名 `<R>` 复制 `<C>` 图表类型 `<T>` ▸ 生成流程图	**设置流程图、线框图页面** 选择主页（Home），单击鼠标右键打开快捷菜单；选择"图表类型"，再打开"图表类型"的子菜单，选择"流程图/线框图"
添加 `<A>` ▸ 移动 `<M>` ▸ 删除 `<D>` 重命名 `<R>` 重复 `<C>` 图表类型 `<T>` ▸ 生成流程图	**生成流程图** 用鼠标右键单击页面，打开快捷菜单，选择"生成流程图"。在弹出的窗口中，选择图表类型（纵向、横向），然后单击"确定"按钮，即可在页面内生成网站流程图

小提示：不将线框图页面类型转化为流程图页面类型，也可以直接在线框图页面内生成以网站页面为内容的流程图，但为了一目了然地让人知道这个页面是网站的页面流程图，因此建议先把页面图表类型转化为流程图图表类型。

2.1.2　部件窗口

如果说，在Axure中设计页面像小时侯玩的拼图游戏。那么，部件窗口就是专门用来存放拼图块的容器。

在部件窗口中，Axure默认包括3类部件，分别是线框图部件、流程图部件及自定义部件。

- » 线框图部件多用于设计原型页面，在部件窗口中将需要的部件拖曳到线框图编辑窗口中，并将多个部件进行拼搭、组合，就可以设计出各种不同体验的交互页面了。

- » 而流程图部件，顾名思义，就是常用来画流程图的，使用方法与线框图部件一样，这里就不再重复了。

- » 自定义部件，是由软件使用者根据自己的需要而设计的部件。即将自己设计的部件制作为库文件，导入部件窗口中，在进行原型页面设计时，能够像Axure软件自带的线框图部件一样，被反复地使用和修改。由于自定义部件的创建方式灵活，所以网上出现了很多第三方的部件库，免费、收费的都有。

下面，我们还是先通过分解动作，学习如何使用部件窗口中的线框图部件，完成一个简单的欢迎页面的制作。

实战：使用部件窗口中的常用部件设计欢迎页面

在企业宣传网站和移动应用等产品中，欢迎页面常常被使用。欢迎页面有多种设计方法，多以企业或产品品牌宣传为目的。下图所示的是以极简的设计达到宣传目的的页面。

设计欢迎页面步骤

步骤1

　　从部件窗口中拖曳1个矩形1部件到线框图编辑页面中。

　　设置矩形大小为 w:320，h:560，设置矩形的填充色和线条色为蓝色。

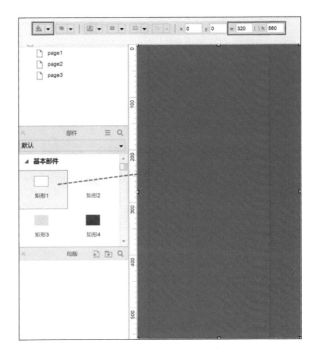

步骤2

　　从部件窗口中拖曳1个图片部件到线框图编辑页面中。

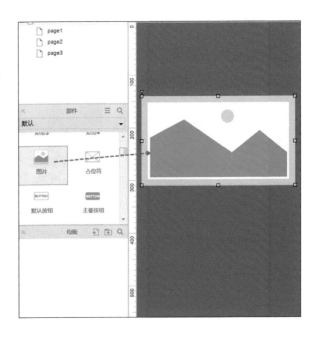

步骤3

双击图片部件，弹出"打开"窗口，选择要导入的Logo图片，单击"打开"按钮，即可导入Logo图片。

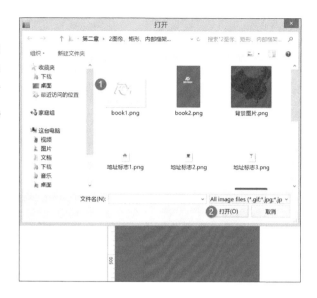

步骤4

调整Logo图片到适当的位置（参考位置为x:85，y:145）。

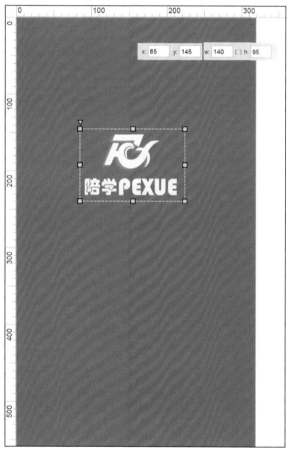

步骤5

生成原型，查看效果。

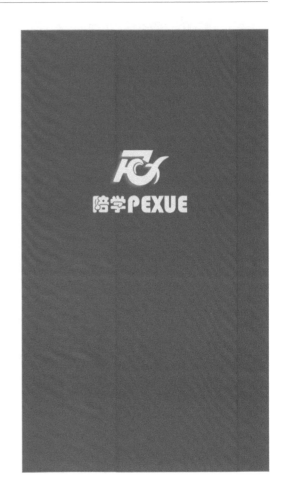

　　至此，一个简洁的欢迎页面就设计完成了，在这个页面中我们使用了Axure中最常用的2个部件，即矩形和图片部件。在后面的常用部件内容中，还会有对部件使用更加详细的介绍。这个案例，只是让大家先对使用部件窗口设计页面的方法有一个初步的了解。

实战：创建自定义部件库

　　在Axure部件窗口中还可以根据不同的业务需要，创建自定义的部件库。自定义部件的使用方法与Axure默认部件相同，能够在不同的文档中反复使用和修改，在设计页面时，为产品设计者节约工作时间、简化工作流程。

　　话不多说，让我们一起创建一款属于自己的部件库吧。

创建一个自定义的部件库

步骤1

　　打开Axure，单击部件库窗口工具栏中的"选项"按钮，打开下拉菜单，并选择"创建部件库"选项。

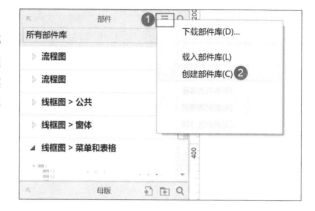

步骤2

　　在弹出的部件保存窗口中，设置文件保存地址并输入自定义部件库的名称，然后单击"保存"按钮。

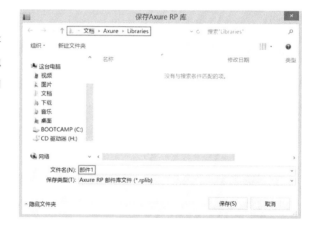

步骤3

　　保存部件后，Axure软件会自动打开自定义部件文件，这时，就可以开始编辑部件库了。

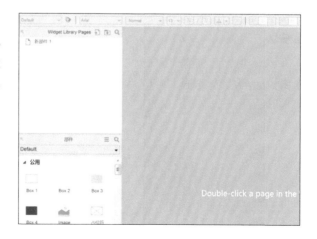

编辑部件库

步骤1

先给"新部件1"命名，如这里我们将其命名为"搜索"。

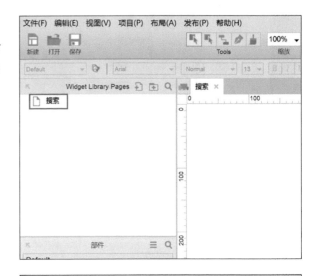

步骤2

搜索部件很常用，所以这里将使用图片制作一个搜索部件。

先准备一张搜索图片，然后从部件窗口中拖曳1个图片部件到编辑窗口中，双击图片部件，导入搜索图片。

步骤3

编辑完成后，保存部件库，文件格式为.rplib。

使用自定义部件

步骤1

在部件库窗口的工具栏中，单击"选项"按钮打开下拉菜单，然后选择"载入部件库"。

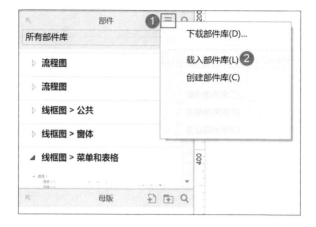

步骤2

在"打开"窗口中，找到并选择想要载入的部件库，单击"打开"按钮，自定义部件库就被载入到Axure部件库窗口中了。

这时就可以像使用默认部件一样，将自定义部件使用到原型中了。

步骤3

如果需要长久载入该部件，需要把该部件库放置到Axure安装包的部件库中，即C:\Users\admin\Documents\Axure\Libraries。

否则，下一次打开Axure时，需重新载入自定义部件库。

部件窗口的常用功能

查看部件库

查看部件库

单击部件窗口的部件库下拉菜单按钮，即可查看已载入的所有部件库

创建、使用部件库

下载部件库...<D> 载入部件库...<L> **创建部件库...<C>**	创建部件库 选择"创建部件库"，在弹出的窗口中设置部件库名称并保存，即可创建一个新的部件库
下载部件库...<D> **载入部件库...<L>** 创建部件库...<C>	载入部件库 选择"载入部件库"，在弹出的窗口中选择想要载入的部件，即可将自定义或第三方部件库载入部件库窗口
下载部件库...<D> 载入部件库...<L> 创建部件库...<C> 编辑部件库...<E> **刷新部件库<R>**	刷新部件库 对已载入的部件库文件进行再次编辑后，选择"刷新部件库"，即可将最新编辑的内容更新到已载入的部件库中
下载部件库...<D> 载入部件库...<L> 创建部件库...<C> 编辑部件库...<E> 刷新部件库<R> **卸载部件库<U>**	卸载部件库 切换已载入的部件库，选择"卸载部件库"，即可将当前的部件库卸载
下载部件库...<D> 载入部件库...<L> 创建部件库...<C>	下载部件库 选择"下载部件库"，将自动打开Axure官网的第三方部件库下载界面，可根据需要下载第三方部件库

查找部件

查找部件

单击"查找"按钮，在查找文本框中输入部件名称，即可查找指定部件

2.1.3 母版窗口

在原型设计时可以将项目中多次被使用的内容制作为母版，在不同页面中使用。并且修改母版就可以同时更新所有使用母版的页面。母版对于节约时间，减少工作量卓有成效。

母版窗口是Axure中用于创建、管理母版的窗口中。在这个窗口中，我们可以根据需要进行新建、批量删除、批量添加母版等。接下来，新建一个母版，让我们零距离感受一下母版吧。

实战：创建我的第一个母版

新建母版

步骤1

在母版窗口中，单击"新增母版"按钮，新增1个"新母版1"。

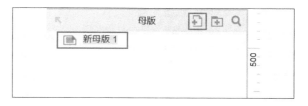

步骤2

选中"新母版1"，单击文件名，编辑母版名称为"我的母版"。

步骤3

双击"我的母版"，在线框图编辑窗口中打开"我的母版"编辑页面。

步骤4

　　拖入矩形部件，然后设置矩形部件的位置、尺寸（x:0，y:0，w:1024，h:100）。

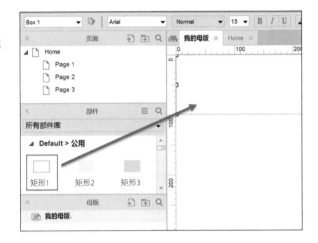

步骤5

　　双击矩形部件，编辑矩形文字为"AXURE母版窗口"，设置字号为18，文本颜色为灰色。

步骤6

　　关闭"我的母版"编辑页面。

向多个页面添加母版

步骤1

　　打开主页，拖动"我的母版"到主页页面。

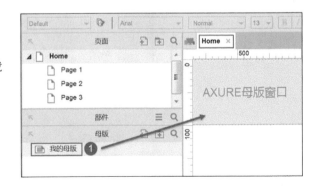

步骤2

打开页面1，拖动
"我的母版"到页面1。

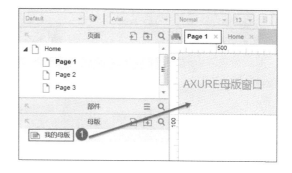

编辑母版

步骤1

双击"我的母版"，
在线框图编辑窗口中打开
"我的母版"编辑页面。

步骤2

双击矩形部件，在原
文本下添加矩形文字"第
二部分：基本操作篇"。

步骤3

关闭"我的母版"编
辑页面。

步骤4

查看主页和页面1，发现"我的母版"中的内容全部被更新。

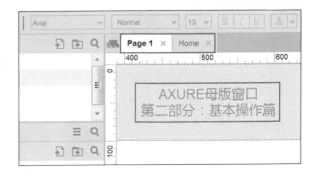

母版窗口的常用功能

编辑母版

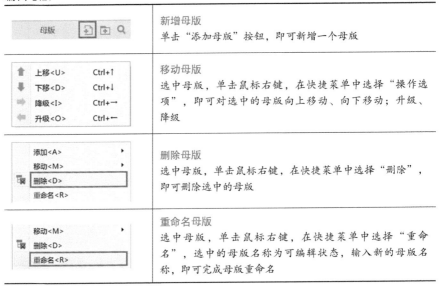

母版	**新增母版** 单击"添加母版"按钮，即可新增一个母版
⬆ 上移<U>　　Ctrl+↑ ⬇ 下移<D>　　Ctrl+↓ ➡ 降级<I>　　Ctrl+→ ⬅ 升级<O>　　Ctrl+←	**移动母版** 选中母版，单击鼠标右键，在快捷菜单中选择"操作选项"，即可对选中的母版向上移动、向下移动；升级、降级
添加<A>　　▶ 移动<M>　　▶ 删除<D> 重命名<R>	**删除母版** 选中母版，单击鼠标右键，在快捷菜单中选择"删除"，即可删除选中的母版
移动<M>　　▶ 删除<D> 重命名<R>	**重命名母版** 选中母版，单击鼠标右键，在快捷菜单中选择"重命名"，选中的母版名称为可编辑状态，输入新的母版名称，即可完成母版重命名

在页面中添加、删除母版

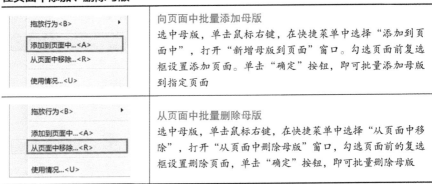

拖放行为<B>　　▶ 添加到页面中...<A> 从页面中移除...<R> 使用情况...<U>	**向页面中批量添加母版** 选中母版，单击鼠标右键，在快捷菜单中选择"添加到页面中"，打开"新增母版到页面"窗口。勾选页面前复选框设置添加页面。单击"确定"按钮，即可批量添加母版到指定页面
拖放行为<B>　　▶ 添加到页面中...<A> 从页面中移除...<R> 使用情况...<U>	**从页面中批量删除母版** 选中母版，单击鼠标右键，在快捷菜单中选择"从页面中移除"，打开"从页面中删除母版"窗口，勾选页面前的复选框设置删除页面，单击"确定"按钮，即可批量删除母版

母版行为

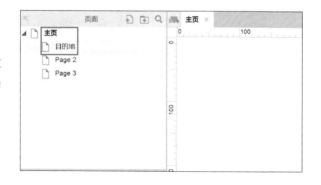 拖放行为 <B>　✓ 任意位置 <P> 添加到页面中...<A>　固定位置 <L> 从页面中移除...<R>　脱离母版 <B>		**任意位置** 选择母版，单击鼠标右键，在快捷菜单中选择"拖放行为–任意位置"，即可将选中的母版设置为"任意位置"母版
拖放行为 <B>　任意位置 <P> 添加到页面中...<A>　✓ 固定位置 <L> 从页面中移除...<R>　脱离母版 <B>		**固定位置** 选择母版，单击鼠标右键，在快捷菜单中选择"拖放行为–固定位置"，即可将选中的母版设置为"固定位置"母版
拖放行为 <B>　任意位置 <P> 添加到页面中...<A>　固定位置 <L> 从页面中移除...<R>　✓ 脱离母版 <B>		**脱离母版** 选择母版，单击鼠标右键，在快捷菜单中选择"拖放行为–脱离母版"，即可将选中的母版设置为"脱离母版"母版

2.1.4　检查窗口

检查窗口是Axure RP 8.0版本的界面中调整的新窗口，融合了Axure RP 7.0版本之前的3个界面窗口，即检查窗口、部件属性和样式窗口以及页面属性窗口。由此可见，这个窗口对于学习Axure RP原型工具的用户有多么重要。

我们在制作产品原型时，通常需要先将原型页面设计出来，然后再进行交互设置。而检查窗口就是进行交互设置的唯一窗口。下面先来学习一个最常见的交互——添加页面链接。

实战：开始交互设置——添加链接

添加页面链接

在原型页面中，最常见的交互就是页面跳转。如下面这个案例，单击首页导航中的选项，跳转到另一个频道页面。

步骤1

新建Axure文档，将Home页面命名为"主页"，Page1页面命名为"目的地"。

步骤2

　　双击主页，从部件窗口中拖曳1个图片部件到首页页面，双击图像导入图片"2.1.4a"。

　　使用相同的方法，将图片"2.1.4b"导入"目的地"频道页面。

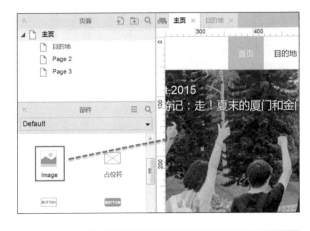

步骤3

　　打开主页页面，从部件窗口中拖曳1个"标签"部件，双击标签部件，编辑文本为"目的地"。移动标签到合适的位置，作为主导航频道按钮。

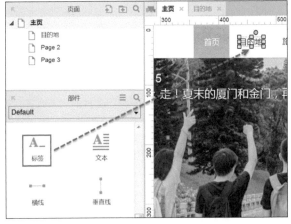

步骤4

　　选中"目的地"频道名称，双击"检查"窗口的"鼠标单击时"事件，打开用例编辑器。

步骤5

　　在用例编辑器中编辑用例：

　　设置用例名称，一般用默认名称；

　　在添加动作中选择"打开链接"动作；

在配置动作中打开"当前窗口"，选择"链接到当前项目的某个页面"中的"目的地"页面；单击"确定"按钮。

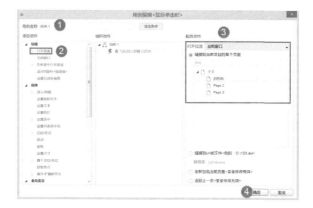

步骤6

生成预览原型，单击首页页面的"目的地"按钮，在新窗口中打开频道页。

实战：设置部件属性

检查窗口是由Axure RP 7.0窗口中的3个主要窗口融合而成的，其中部件属性和样式窗口的功能是非常常用的。所以，接下来我们以上一个案例为例，学习部件属性和样式窗口中的一个重要属性——添加部件交互样式。

频道按钮悬停样式
步骤1

选中"目的地"，在检查窗口属性标签下选择"鼠标悬停时"，打开"设置交互样式"窗口。

步骤2

勾选一个交互样式，即可对该样式进行编辑。

这里选中的样式是"字体颜色"，单击字体颜色后的下拉按钮，打开颜色选择器，选择一种颜色。

在线框图编辑中能够直接预览到这个交互样式效果。

步骤3

生成原型后，将鼠标指针移动到"目的地"，即可查看按钮悬停效果。

实战：页面载入时的交互

在了解了部件的属性和样式后，接下来继续看一看页面的属性有哪些。页面属性的内容包括页面注释、页面交互和页面样式，而页面交互是最常用到的交互设置内容。下面我们继续以导航为例，设置页面载入时的交互。

页面载入时的频道预设

步骤1

选中"目的地"，然后选择"选中"，打开"设置交互样式"窗口。

步骤2

勾选一个交互样式，即可对该样式进行编辑。

选中"字体颜色"，单击字体颜色后的下拉按钮，打开颜色选择器，选择一种颜色。

选中"填充颜色"，单击填充颜色后的下拉按钮，打开颜色选择器，选择一种颜色。

在线框图编辑窗口中能够直接预览到这个交互样式效果。

步骤3

在检查窗口中双击"页面载入时"事件，打开用例编辑器。

步骤4

在用例编辑器中编辑用例。

添加动作:选中;

配置动作:勾选"选择要设置选中状态的部件"下的"目的地";

设置选中状态为"值""true";

单击"确定"按钮,关闭用例编辑器。

步骤5

生成原型,查看效果。

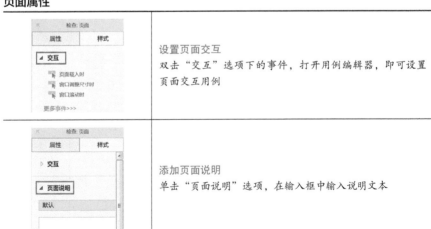

检查窗口的常用功能

页面属性

（检查:页面 属性／样式／交互／页面载入时／窗口调整尺寸时／窗口滚动时／更多事件>>>）	设置页面交互 双击"交互"选项下的事件,打开用例编辑器,即可设置页面交互用例
（检查:页面 属性／样式／交互／页面说明／默认）	添加页面说明 单击"页面说明"选项,在输入框中输入说明文本

页面样式

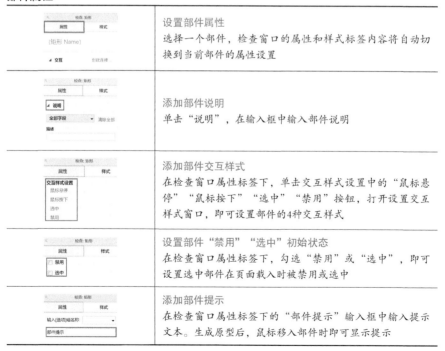

检查: 页面 / 属性 / 样式 / 默认 / 页面排列	**页面排列** 单击"左对齐"和"居中对齐",即可设置页面的对齐方式
检查: 页面 / 属性 / 样式 / 页面排列 / 背景色	**设置背景色** 在背景色的颜色选择器中设置一种颜色,页面编辑窗口中的原型页面背景色将被修改为设置的颜色
检查: 页面 / 属性 / 样式 / 背景图片 / 导入 / 不重复	**设置背景图片** 选择一张图片,单击"导入"按钮,即可将这张图片设置为当前页面的背景图片
检查: 页面 / 属性 / 样式 / 草图/页面效果 / 0 / Applied Font / ·0 ·1 ·2	**制作草图/页面效果** 制作草图原型时,可调整草图的程度、颜色、字体、线宽,设置草图效果

部件属性

检查: 矩形 / 属性 / 样式 / [矩形 Name] / ◢ 交互	**设置部件属性** 选择一个部件,检查窗口的属性和样式标签内容将自动切换到当前部件的属性设置
检查: 矩形 / 属性 / 样式 / ◢ 说明 / 全部字段 清除全部 / 描述	**添加部件说明** 单击"说明",在输入框中输入部件说明
检查: 矩形 / 属性 / 样式 / 交互样式设置 / 鼠标悬停 / 鼠标按下 / 选中 / 禁用	**添加部件交互样式** 在检查窗口属性标签下,单击交互样式设置中的"鼠标悬停""鼠标按下""选中""禁用"按钮,打开设置交互样式窗口,即可设置部件的4种交互样式
检查: 矩形 / 属性 / 样式 / □ 禁用 / □ 选中	**设置部件"禁用""选中"初始状态** 在检查窗口属性标签下,勾选"禁用"或"选中",即可设置选中部件在页面载入时被禁用或选中
检查: 矩形 / 属性 / 样式 / 输入[提示]域名称 / 部件提示	**添加部件提示** 在检查窗口属性标签下的"部件提示"输入框中输入提示文本。生成原型后,鼠标移入部件时即可显示提示

部件样式

	设置位置、尺寸 在"位置.尺寸"的x、y、w、h后的输入框中输入对应的数值，x、y值设置部件在原型页面的位置，w、h值设置部件的大小
	设置部件填充色 在填充颜色选择器中选择一个颜色，即可设置部件的填充色，有单色填充和渐变填充两种填充方式
	添加边框色、边框样式 选择边框颜色选择器中的一个颜色，即可设置部件的边框色。边框样式的设置包括边框的线宽及线条类型等
	设置不透明度 在不透明度输入框中输入数值，即可设置部件的背景透明程度。数值100为背景不透明，0为背景透明，即无背景
	行间距设置 设置"行间距"下拉菜单中的选项，即可设置文本的行间距

2.1.5 线框图编辑窗口

线框图编辑窗口是Axure中设计原型的窗口。软件界面中，最大的就是这个窗口。新建的Axure文档不需要设置页面尺寸，默认无边界尺寸。但从Axure RP 8.0版本开始，Axure增加了"打印"功能，在"打印"窗口中可以根据页面，设置打印的页面尺寸，如右图所示。

线框图编辑窗口中还有一个重要的功能，即自适应视图管理。

各类终端的出现，使产品设计的硬件适应要求越来越高。如PC端、平板、手机端等多种硬件尺寸，甚至一款产品需要设计不同尺寸的多个不同版本。从Axure RP 7.0开始加入的自适应视图，就是为了解决版本设计问题的。通过定义不同尺寸的视图，可以快速切换不同视图界面并进行设计。下面，我们就来制作一个自适应页面，学习自适应视图页面的设计方法。

实战：制作自适应视图原型文件

步骤1

在检查窗口中，勾选自适应视图的激活按钮，即可启用自适应视图。

步骤2

在线框图编辑窗口中，单击"管理自适应视图"按钮，打开"自适应视图"窗口。

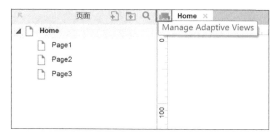

步骤3

在自适应视图窗口中，单击"+"按钮，新增2个新视图。

步骤4

设置自适应视图。

单击"预设"后的下拉按钮，选择"高分辨率（1200×任意以上）"和"平板横放（1024×任意以下）"。

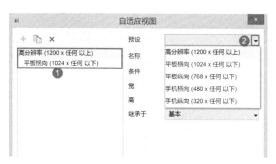

步骤5

单击"确定"按钮，即可在线框图编辑窗口中显示自适应视图。单击"基本"按钮，切换到基本页面。

步骤6

制作首页。因为这里仅为示范，所以我们直接用图片部件导入相关图片"2.1.4c"。

注意：在基本视图页面中制作的页面会同时在"1200"和"1024"视图页面中自动显示。

步骤7

单击"1200"按钮，切换到1200视图页面，将部件调整到1200视图内。

步骤8

单击"1024"按钮，切换到1024视图页面；调整部件在1024视图中的尺寸。为了能更好地显示效果，所以拖入1个矩形部件，以示区分。

步骤9

生成原型，拖动浏览器改变其大小，查看效果。

线框图编辑窗口的常用功能

自适应视图

	添加自适应视图 单击"自适应视图管理"按钮，打开自适应视图窗口。单击"添加"按钮，即可添加不同尺寸的自适应视图
	编辑自适应视图 添加自适应视图后，单击不同视图标签，进入相应的视图。在默认视图中编辑的界面能够自动在其他视图中显示

页面标签管理

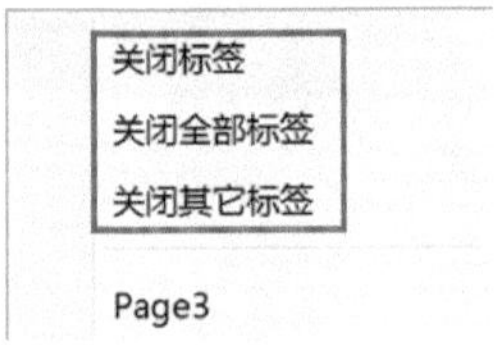	关闭页面标签 同时打开多个编辑页面，分别单击"关闭标签""关闭全部标签"和"关闭其它标签"，即可批量关闭页面
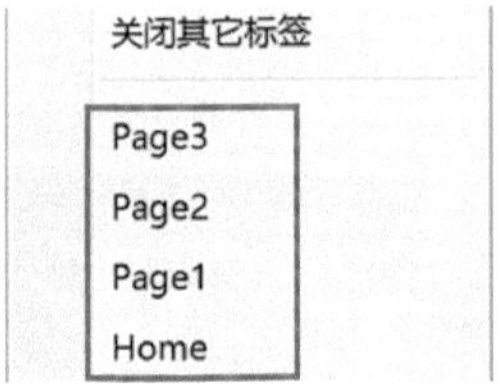	查找标签 在管理标签下拉选项中，显示所有已打开的编辑页面。如果页面太多在窗口中查找不方便，可以在下拉选项中查找页面

2.1.6 菜单栏

与许多软件一样，Axure软件界面的顶部是菜单栏，囊括了软件中大部分的功能。菜单栏中的文件、发布和团队是比较常用的。文件下拉列表中的新建文件、保存文件等是建立一个Axure文件必须要设置的选项。但要特别说明的是，在这里创建的文件是后缀为".rp"的Axure源文件，只有这个文件中的原型可以反复地编辑、修改。

另外在Axure中还有两类文件，即.html和.rplib。".html"文件的生成方法是在菜单栏的发布下拉列表中生成的，而".rplib"文件是Axure部件库文件，在部件窗口的内容中已做过介绍。

接下来，先来学习如何用Axure新建一个文件并发布为一个原型文件。

实战：新建、发布文件

新建文件

步骤1

单击菜单栏中的"文件-新建"选项，打开新建文档。

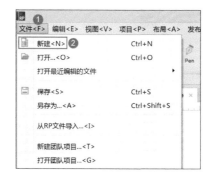

步骤2

单击菜单栏中的"文件-另保存"选项，打开"另存为"窗口。

步骤3

设置保存地址，并在"文件名"文本框中输入文件名称"Axurefile"，保存类型为"AxureRP文件（*.rp）"单击"确定"按钮，保存为Axurefile.rp文档。

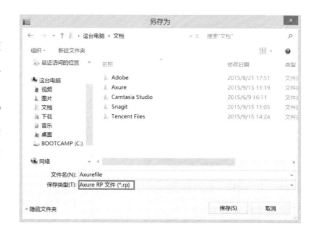

发布原型

步骤1

单击菜单栏中的"发布-生成HTML文件"选项，打开"生成HTML"原型窗口。

步骤2

设置生成的HTML文档。

单击"…"按钮，打开"浏览文件夹"窗口，自定义HTML文件的保存位置；

单击"使用默认"按钮，将HTML文件保存到默认文件夹地址；

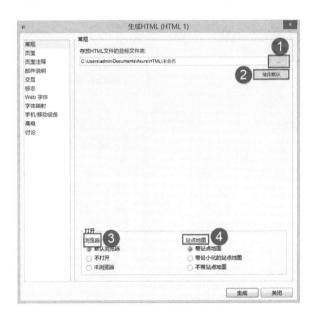

选中打开中"浏览器"下的"默认浏览器"作为打开HTML文件的浏览器；

选中"站点地图"下的"带站点地图"作为站点地图的打开方式。

步骤3

单击"生成"按钮，生成HTML原型。

生成的原型文件夹，能在生成文件的目录中找到，文件夹中生成的".html"文件，可以在任何终端（PC、移动端）的浏览器中查看。

实战：创建、获取团队项目

有时需要多人配合，共同完成产品原型设计。Axure提供了团队项目功能。通过创建团队项目，团队的成员可以获取并协做完成团队项目文档的编辑与修改。

团队项目应创建到能够被所有团队成员访问的地址，或是Axure提供的AxShare文件空间中。这也是Axure RP 8.0版本的新功能，在Axure RP 7.0之前AxShare仅能够发布原型文档，但在Axure RP 8.0之后，已经可以将团队的源文件项目发布到AxShare文件空间中了。不过，AxShare不太稳定，会出现网络慢或故障的情况。所以，如果是企业内部的团队项目，建议还是创建到企业内部的公共访问地址。

创建团队项目

步骤1

单击菜单栏中的"团队-从当前文件创建团队项目"选项，打开"创建团队项目"窗口。

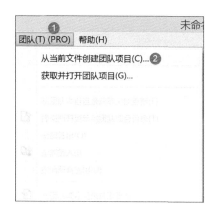

步骤2

将团队项目保存在AxShare或SVN上；

单击"团队项目目录"后的"…"按钮，设置团队项目目录；

在"团队项目名称"文本框中输入项目名称，设置团队项目名称；

单击"Local Directory"后的"…"按钮，设置团队项目本地存放地址。

步骤3

单击"创建"按钮,完成团队项目设置,并打开团队项目。

获取团队项目

步骤1

单击菜单栏中的"团队-获取并打开团队项目"选项,打开"获取团队项目"窗口。

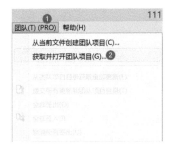

步骤2

根据团队项目存放地址,选择AxShare或SVN;

根据团队项目的创建地址,单击"团队项目目录"后的"..."按钮,设置团队项目目录;

设置团队项目本地存放地址,单击"Local Directory"后的"..."按钮,设置团队项目本地存放地址。

步骤3

单击"完成"按钮，
获取并打开团队项目。

菜单栏的常用功能

文档

文件<F> 编辑<E> 视图<V> 项目<P> □ 新建<N> Ctrl+N 📁 打开...<O> Ctrl+O 打开最近编辑的文件	新建文件 在菜单栏中，单击"文件–新建"选项，即可新建 一个文档
文件<F> 编辑<E> 视图<V> 项目<P> 布局< □ 新建<N> Ctrl+N 📁 打开...<O> Ctrl+O 打开最近编辑的文件 💾 保存<S> Ctrl+S 另存为...<A> Ctrl+Shift+S	保存文件 在菜单栏中，单击"文件–保存"选项，即可保存 一个文档
打开团队项目...<G> 纸张尺寸与设置... 🖨 打印... Ctrl+P 打印index...<P>	打印文件 Axure RP 8.0新功能，在菜单栏中，单击"文件– 打印"选项，打开Print窗口，设置打印参数，单击 "打印"按钮，即可打印文件
打印index...<P> 导出index为图片...<E> 导出所有页面为图片... 自动备份设置...<B> 从备份中恢复...<R>	备份、恢复备份 在菜单栏中，单击"文件–从备份中恢复"选项， 打开从备份中恢复文件窗口，找到相应时间，单击 "恢复"按钮，即可保存恢复的文档到指定地址

项目

页面说明字段...<N> 部件说明字段与配置...<F> 自适应视图...<A> 全局变量...<V> 项目设置...<S>	**变量管理** 在菜单栏中，单击"项目-全局变量"选项，打开全局变量窗口。在窗口中新增、删除全局变量
项目<P> 布局<A> 发布<I> 团队<T> 部件样式编辑...<W> 页面样式编辑...<P> 页面说明字段...<N> 部件说明字段与配置...<F>	**编辑部件样式** 在菜单栏中，单击"项目-部件样式编辑"选项，打开部件样式编辑窗口。在窗口中修改部件默认样式或设置自定义部件样式
项目<P> 布局<A> 发布<I> 团队<T> 部件样式编辑...<W> 页面样式编辑...<P> 页面说明字段...<N> 部件说明字段与配置...<F>	**编辑页面样式** 在菜单栏中，单击"项目-页面样式编辑"选项，打开页面样式编辑窗口。在窗口中修改页面默认样式或设置自定义页面样式

发布

发布到AxShare...<A> 登录你的Axure账号... 生成HTML文件...<H> 在HTML文件中重新生成当前页面<R>	**生成HTML文件** 在菜单栏中，单击"发布-生成HTML文件"选项，打开生成HTML文件窗口，设置文件保存地址，单击"生成"按钮生成原型文件
发布<I> 团队<T> 帮助<H> 预览 预览选项...<O> 发布到AxShare...<A> 登录你的Axure账号...	**发布到AxShare** 在菜单栏中，单击"发布-发布到AxShare"选项，打开发布到AxShare窗口，登录后发布原型文件到AxShare
登录你的Axure账号... 生成HTML文件...<H> 在HTML文件中重新生成当前页面<R> 生成Word文档...<G>	**生成Word文档** 在菜单栏中，单击"发布-生成Word文档"选项，打开生成Word文档窗口，设置文档保存地址，单击"生成"按钮生成Word文档

团队

团队<T> 帮助<H> 从当前文件创建团队项目...<C> 获取并打开团队项目<G>	**创建团队项目** 在菜单栏中，单击"团队-从当前文件创建团队项目"选项，打开创建团队项目窗口，创建团队项目
团队<T> 帮助<H> 从当前文件创建团队项目...<C> 获取并打开团队项目<G>	**获取团队项目** 在菜单栏中，单击"团队-获取并打开团队项目"选项，打开获取团队项目窗口，获取已创建的团队项目

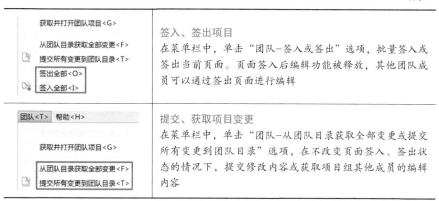	**签入、签出项目** 在菜单栏中，单击"团队-签入或签出"选项，批量签入或签出当前页面。页面签入后编辑功能被释放，其他团队成员可以通过签出页面进行编辑
	提交、获取项目变更 在菜单栏中，单击"团队-从团队目录获取全部变更或提交所有变更到团队目录"选项，在不改变页面签入、签出状态的情况下，提交修改内容或获取项目组其他成员的编辑内容

2.1.7 部件管理窗口

如果当前产品设计的界面中部件比较多，有些显示有些隐藏，或是有些部件分层叠加在一起。在进行交互设置时，使用某个部件会比较困难。这时，部件管理窗口可以帮助我们快速找到隐藏或遮挡的部件。

部件管理窗口中提供了各种筛选、搜索部件的功能，读者可以根据需要查找部件。

部件管理窗口常用功能

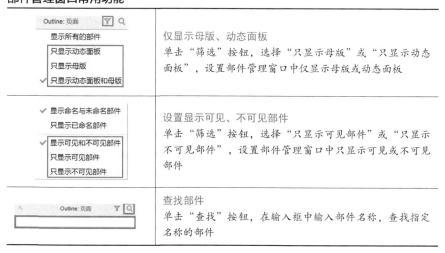	**仅显示母版、动态面板** 单击"筛选"按钮，选择"只显示母版"或"只显示动态面板"，设置部件管理窗口中仅显示母版或动态面板
	设置显示可见、不可见部件 单击"筛选"按钮，选择"只显示可见部件"或"只显示不可见部件"，设置部件管理窗口中只显示可见或不可见部件
	查找部件 单击"查找"按钮，在输入框中输入部件名称，查找指定名称的部件

2.2 Axure常用部件

2.2.1 图片部件

大部分的原型页面是由图文组成，进行原型页面设计时，插入图片是基本需求。在Axure中，图片部件📷是原型设计的常用部件之一，同时也有特定的属性设置功能，如图片分割、剪裁。

图片部件在原型中应用广泛，最常见的就是应用于按钮，制作出个性化的按钮部件。下面就来看一看如何制作一个特殊效果的图像按钮。

实战：用图片部件制作企业导航详情信息

步骤1

准备好图片，包括背景图片、指示图片、地址标志及宣传图片等。

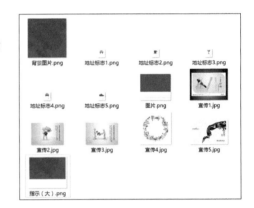

步骤2

打开企业原型.rp，双击"联系我们"打开编辑页面。

步骤3

在检查窗口中，找到背景图片，单击"导入"按钮。在打开的窗口中，导入准备好的图片"背景图片.png"。

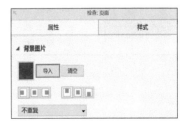

步骤4

　　从部件窗口中拖曳
1个图片部件。双击图片
部件，在打开窗口中选择
"指示（大）.png"并将
其导入编辑页面，拖动图
片到合适的位置。

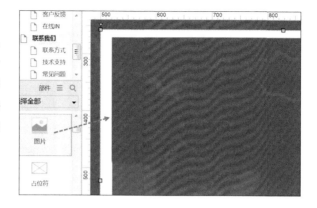

步骤5

　　从部件窗口中，拖曳
1个图片部件。双击图片
部件，在打开窗口中选择
"地址标志1.png"并将
其导入编辑页面，拖动标
志到合适的位置。

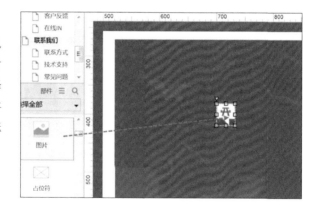

步骤6

　　重复步骤5，将地址
标志2~地址标志5分别导
入编辑页面中，并放置到
合适的位置。

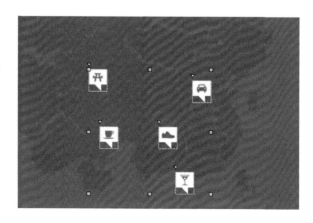

步骤7

　　从部件窗口中拖曳1个图片部件。双击图片部件，在打开窗口中选择"图片.png"并将其导入编辑页面，拖动标志到合适的位置。

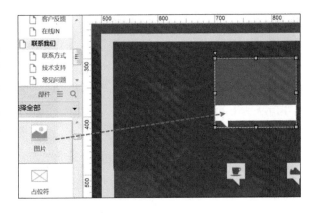

步骤8

　　从部件窗口中拖曳1个图片部件。双击图片部件，在打开窗口中选择"宣传1.jpg"并将其导入编辑页面，将"宣传1.jpg"放置到"图片.png"的上面。

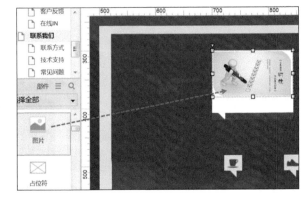

步骤9

　　同时选中"宣传1"和"图片"部件，单击鼠标右键，在快捷菜单中选择"组合"。在检查窗口中设置组合名称为"详细1"。

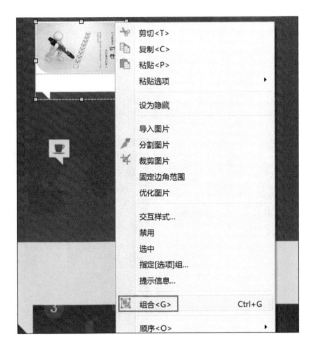

步骤10

　　在部件管理窗口中，选中"详细1"，单击鼠标右键，在快捷菜单中选择"复制"。在编辑窗口的快捷菜单中选择"粘贴"。在检查窗口中设置组合名称为"详细2"。

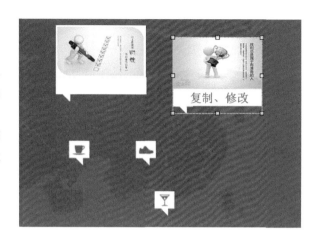

步骤11

　　重复步骤10，再复制出3个组合，分别命名为"详细3""详细4""详细5"。

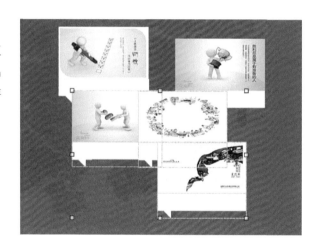

步骤12

　　将组合1~组合5分别对齐，放置到步骤5和步骤6导入的地址标志1~地址标志5的上面。

　　将组合1~组合5设置到页面的最底层。

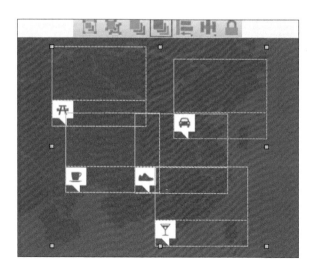

步骤13

选择任意一个地址标志，在检查窗口中，双击"鼠标移入时"事件，打开用例编辑器。

动作1：

添加动作：置于顶层/底层；

配置动作：勾选选择要置于顶层或底层的部件下的"详细2"（选择放置在选中地址标志下的组合）。

动作2：

添加动作：置于顶层/底层；

配置动作：勾选选择要置于顶层或底层的部件下的"详细1""详细3""详细4"和"详细5"。

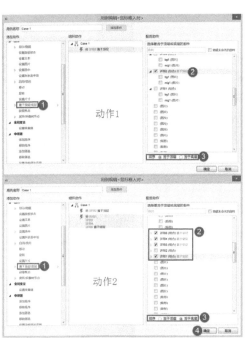

步骤14

重复步骤13，分别设置另外4个地址标志。

动作1：

添加动作：置于顶层/底层；

配置动作：勾选选择要置于顶层或底层的部件下的"详情5"；

动作2：

添加动作：置于顶层/底层。

配置动作：勾选选择要置于顶层或底层的部件下的动作1没有勾选的其他组合。

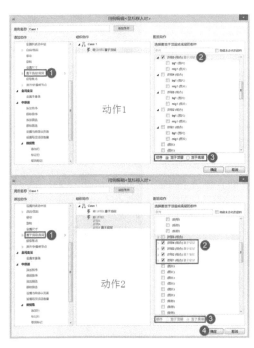

步骤15

选中"指示（大）.png"图片，在检查窗口中双击"鼠标移入时"事件，打开用例编辑器。

添加动作：置于顶层/底层；

配置动作：勾选选择要置于顶层或底层的部件下的"详细1""详细2""详细3""详细4"和"详细5"。

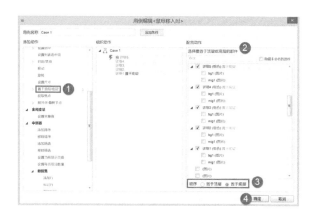

步骤16

生成原型，查看效果。

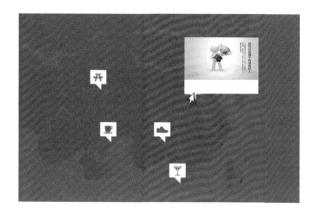

图片部件的常用属性

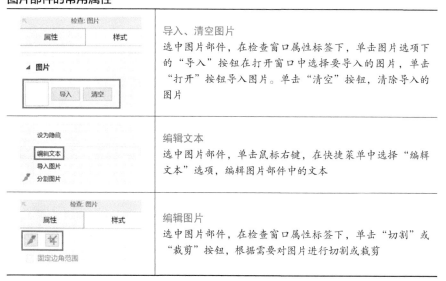

检查：图片 属性 样式 ▲ 图片 导入 清空	导入、清空图片 选中图片部件，在检查窗口属性标签下，单击图片选项下的"导入"按钮在打开窗口中选择要导入的图片，单击"打开"按钮导入图片。单击"清空"按钮，清除导入的图片
设为隐藏 编辑文本 导入图片 ✎ 分割图片	编辑文本 选中图片部件，单击鼠标右键，在快捷菜单中选择"编辑文本"选项，编辑图片部件中的文本
检查：图片 属性 样式	编辑图片 选中图片部件，在检查窗口属性标签下，单击"切割"或"裁剪"按钮，根据需要对图片进行切割或裁剪

2.2.2 形状部件

形状部件是制作文字内容和设计背景时常用的部件，如下图所示。Axure RP 8.0 在原有的形状部件中加入了更多的默认形状部件。

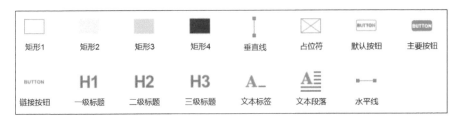

从Axure RP 8.0版本开始，不仅在默认部件库中新增了多个形状部件，还增加了 Pan Tool工具，使用Pan Tool工具可以在编辑窗口中画出各种图形形状。除此之外，还可以将形状部件设置为自定义形状，编辑不同的形状。

Axure RP 8.0 中的形状编辑功能得到了增强，加入了"合并""去除""相交"和"排除"等功能，能够制作由多个形状部件搭配而成的组合部件。帮助设计人员设计出个性十足的界面元素。随着产品设计的日趋成熟，原型不再仅限于简单的线框图制作，很多可用性测试中使用的高保真原型也越来越多地使用Axure来制作。Axure RP 8.0版本新增的矢量图制作和编辑功能为产品设计人员提供了极大的界面设计自由度。

下面就来体会一下形状部件究竟如何使用吧！

实战：用形状部件制作企业分公司地址查询

步骤1

从部件窗口中拖曳1 个矩形2部件，将背景与背景图片的颜色设置成一致的。双击矩形2部件，编辑文本为"企业名称 English name"设置文本颜色为白色。

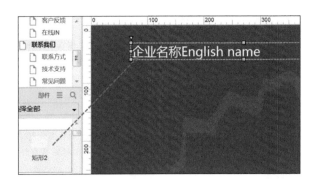

步骤2

从部件窗口中拖曳1个文本标签到编辑页面中，双击文本标签，编辑文本为"公司介绍"，设置文本颜色为白色。

复制4个标签，分别修改文本为"产品展示""客户服务""联系我们"和"后台管理"。

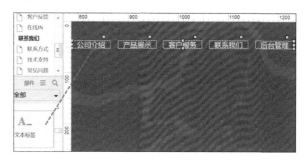

步骤3

从部件窗口中拖曳1个文本标签，设置填充色为白色，设置文本标签的尺寸（w:1，h:16），设置倾斜角度为35°。

步骤4

复制4个步骤3中的副本，分别放置在文本标签之间。全选步骤2~4制作的部件，设置为底部对齐和水平分布。

步骤5

从部件窗口中拖曳1个文本标签，设置填充色为白色，设置文本标签的尺寸（w:478，h:1），然后将其放置到企业导航下。

复制1个副本，设置尺寸（w:66，h:3），然后将其调整到"联系我们"下，作为当前所在频道的指示。

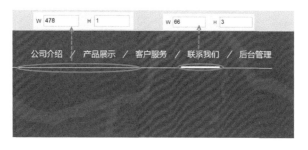

步骤6

将矩形2部件拖曳到
编辑页面的下方，作为背
景。将矩形2调整到与背
景图片相同的宽度。

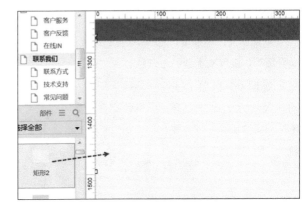

步骤7

将文本标签拖曳到页
面的底部，双击"文本标
签"，根据需要编辑相应
的文本。复制多个标签用
来制作需要显示的内容，
移动所有标签的位置，进
行界面排版。

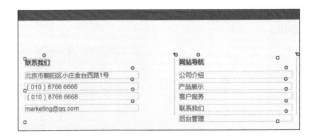

步骤8

从部件窗口中拖曳
4个文本标签，分别编
辑文本为"北京公司地
址""北京市**区**路
**号""联系方式"和
"（010）8766 6666"。

步骤9

全选4个文本标签，
单击鼠标右键，在快捷菜
单中选择"组合"，在检
查窗口中设置组合名称为
"地址1"。

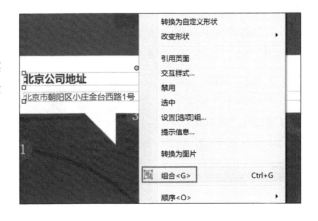

步骤10

　　复制4个"地址1"组合副本，根据情况调整组合内的"地址"和"电话"。分别设置4个副本的名称为"地址2""地址3""地址4"和"地址5"。将地址2~地址5放置到页面底层。

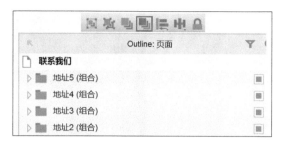

步骤11

　　选择任意一个地址标志，在检查窗口中，双击"鼠标移入时"事件，打开用例1，继续添加动作。

　　动作1：增加1个置于顶层的部件"地址1"（地址标志所属公司地址、联系方式）。

　　动作2：增加4个置于底层的部件"地址2~地址5"（除动作1置顶的部件以外的其他部件）。

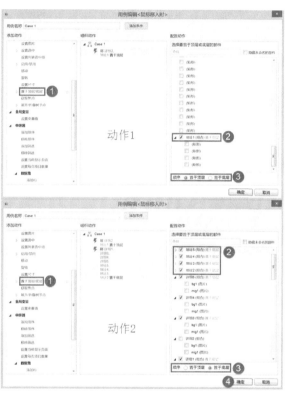

步骤12

　　重复步骤11，分别设置另外4个地址标志。

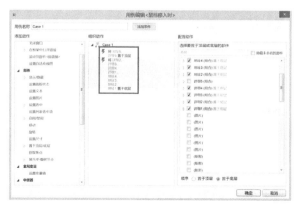

步骤13

生成原型，查看效果。

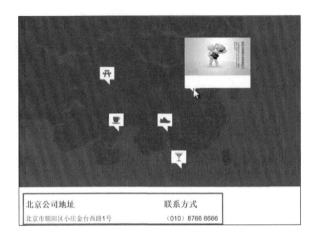

形状部件的常用属性

	选择形状 选中矩形部件，在检查窗口属性标签下，选择"选择形状"下拉列表中的形状，设置矩形为不同的形状
	编辑文本 单击鼠标右键，选择"编辑文本"，或双击矩形部件，对部件文本进行编辑
	编辑背景色 选中矩形部件，在检查窗口样式标签下的"填充"背景色选择器中设置矩形的背景颜色
	编辑线条色 选中矩形部件，在检查窗口样式标签下的"边框"线条颜色选择器中设置矩形的边框颜色
	Pan tool 在工具栏中单击钢笔工具，在线框图编辑窗口中勾画出自定义的形状
	转换为自定义形状 Axure RP 8.0新功能：选中矩形部件，在检查窗口属性标签下的"选择形状"下拉选择框中单击"转换为自定义形状"，将矩形转换为自定义的形状。单击自定义形状，可以自由修改4个顶点的位置，单击鼠标右键，在快捷菜单中可以设置边框为直线或曲线

2.2.3 动态面板

动态面板是Axure部件中的王牌。如果用电子商务语言形容，叫"爆款"。动态面板之所以这么重要，是因为我们进行原型设计时，很多交互效果都需要用到动态面板。动态面板有其特有的属性、事件和动作。就是这些特殊的功能，让动态面板可以像"悟空"一样变化各种各样的交互效果。

掌握了动态面板就掌握了一半Axure交互。因此，初学Axure的人疑问最多的就是动态面板部件。其中问得最多的就是动态面板最典型的交互应用——切换面板。下面不仅讲解了动态面板的内容编辑，还讲解了动态面板的状态到底是怎么回事。并且还使用到了动态面板的一个常用动作，即设置面板状态。

这么好的经典案例，快坐稳了来看看吧。

实战：动态面板的经典之作——切换面板

步骤1

从部件库中拖曳1个动态面板到线框图编辑区中，并在检查窗口中将其命名为"通知"。

步骤2

双击动态面板"通知"，打开动态面板管理窗口，单击"+"按钮，新增4个状态，并将状态命名为"公告""规则""论坛""安全"和"公益"。

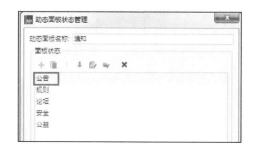

步骤3

在"通知"动态面板管理窗口中，双击"公告"状态，进入"公告"状态编辑页面。

步骤4

在"公告"状态编辑
页面中,利用矩形部件和文
本标签部件,编辑"公告"
状态页面中的内容。

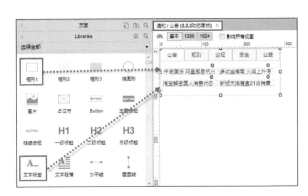

步骤5

选中"公告"中的文
字,在检查窗口中,单击
"鼠标悬停时"按钮,打开
"设置交互样式"窗口,设
置鼠标悬停时的字体颜色
为#FF4400,切换到"鼠标
按键按下时",设置字体颜
色为#FF4400。

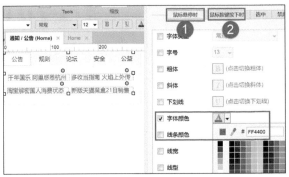

步骤6

打开"公告"状态编
辑页面,选中"公告",
在检查窗口中,双击"鼠
标移入时"事件,打开用
例编辑器。

步骤7

在用例编辑器中进行如下设置。

第二步:点击新增动
作:设置面板状态;

第四步:配置新动
作:勾选选择要设置状态
的动态面板下的"设置通
知(动态面板)";

Select state:公告;

单击"确定"按钮,
关闭用例编辑器。

步骤8

参考步骤3~6，分别给"规则""论坛""安全"和"公益"添加"鼠标移入时"事件，设置面板状态到对应的状态中。

步骤9

全选"公告"状态中所有的部件，复制到"规则""论坛""安全"和"公益"状态页面，并修改页面内容。

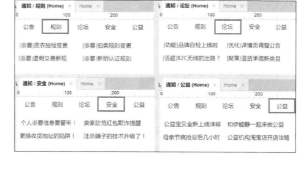

步骤10

回到首页线框图编辑页面中，选中动态面板"通知"，在检查窗口中，勾选"调整大小以适合内容"。

步骤11

保存文件，生成原型预览效果。

动态面板的常用属性

面板状态 ![按钮组] ➕ 📋 ⬆ ⬇ 💾 💾 ✖	**添加、删除动态面板状态** 双击动态面板，打开"动态面板状态管理"窗口，单击"添加"按钮，即可新增一个状态。选择一个状态，单击"删除"按钮，即可删除选中的状态
面板状态 ➕ 📋 ⬆ ⬇ 💾 💾 ✖	**编辑面板状态** 双击动态面板，打开"动态面板状态管理"窗口，双击一个状态打开状态编辑页面，即可编辑状态
检查: 动态面板 属性　　　样式 固定到浏览器 ☐ 100%宽度<仅限浏览器中有效>	**固定到浏览器** 选中动态面板，在检查窗口属性标签下，单击"固定到浏览器"按钮，打开固定到浏览器窗口，勾选"固定到浏览器窗口"选项，单击"确定"按钮，即可将动态面板设置在浏览器中一个固定的位置。固定位置的动态面板，只有生成原型后才可以查看固定浏览器的效果
检查: 动态面板 属性　　　样式 ▲ 动态面板 ☐ 自动调整为内容尺寸	**自动调整内容** 选中动态面板，在检查窗口属性标签下，勾选"自动调整为内容尺寸"选项，自动根据当前显示状态的内容调整面板尺寸

2.2.4　中继器

中继器是Axure中的小型数据库部件。一看到"数据库"这几个字，是否感到拿书的手沉了一下呢。太过技术化的部件很难理解和掌握，而在这里只要明白了部件中数据的读取过程与设置方法，就可以在学习其他的中继器部件属性和功能时，达到事半功倍的效果。

下面让我们一起用中继器部件制作产品列表，以了解中继器部件中的数据获取及设置过程。通过这个案例，读者不仅能够了解到中继器的数据录入，还可以学习数据集的两类数据，即文字、图片的读取设置。

实战：使用中继器制作产品列表

步骤1

准备好苹果图片"2.2.4a"雪梨图片"2.2.4b"和提子图片"2.2.4"。从部件窗口中拖曳1个中继器到线框图编辑窗口中，并命名为"水果列表"。

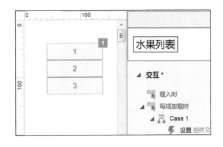

步骤2

　　双击中继器，打开中继器编辑页，从部件窗口中拖曳1个图片部件到中继器编辑页，并在"检查"窗口中将其命名为"水果图片"。从部件窗口中拖曳2个单行文本标签到线框图编辑窗口，清除原文字，调整大小，并在"检查"窗口中分别将其命名为"名称"和"价格"，然后调整编辑区中的矩形大小。

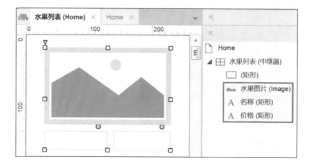

步骤3

　　在中继器编辑区下方的"中继器数据集"标签页下，双击第一列的列名，修改其名称为"name"，在对应的行中输入水果的名称"苹果""雪梨""提子"。双击第二列的列名，输入新的名称"price"，在对应的行中输入水果的价格"6.90""5.90""8.90"。双击第三列的列名，输入新的名称"image"，在对应的行中单击鼠标右键打开快捷菜单，选择"导入图像"，导入对应水果名称的图像。

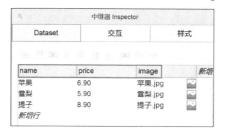

步骤4

　　回到首页，选中中继器，在检查窗口中双击"每项加载时"下的"Case1"，打开用例编辑器。

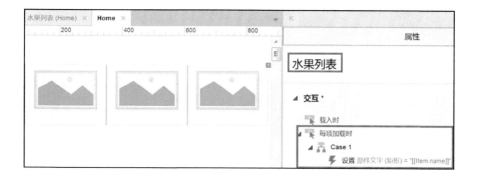

步骤5-1

在用例编辑器中进行如下设置。

动作1：

添动作：设置文本；

配置动作：勾选选择要设置文本的部件下的"名称（矩形）"和"价格（矩形）"；

设置文本为：名称（矩形）为值、[[Item.name]]，价格（矩形）为值、[[Item.price]]；

单击"确定"按钮关闭窗口。

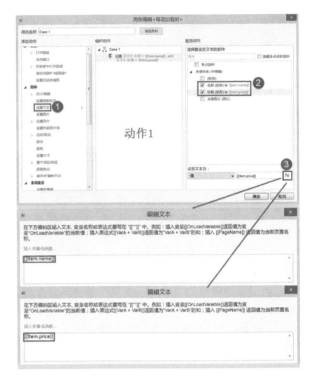

小提示：**值设置** 单击文本框后的"fx"按钮，打开"编辑文本"窗口；单击"插入变量或函数…"设置"名称（矩形）"的值为[[Item.name]]，"价格（矩形）"的值为[[Item.price]]。

步骤5-2

动作2：

第二步：点击新增动作：设置图像；

第四步：配置动作：勾选选择要设置图像的图片部件下的"设置水果图片"，默认的Default为值、[[Item.image]]。

单击"确定"按钮关闭窗口。

步骤6

制作完成，保存后生成原型预览效果。

中继器的常用属性

	**中继器数据集添加列** 双击"中继器"，打开中继器编辑页面。在检查窗口数据集标签下，单击"添加列"，编辑列名称（仅允许英文名称），即可添加一个新的数据列
	添加数据 双击"中继器"，打开中继器编辑页面。在检查窗口数据集标签下，单击每个数据项，即可添加数据
	设置中继器背景色 双击"中继器"，打开中继器编辑页面。在检查窗口样式标签下的背景色颜色选择器中设置中继器背景色
	设置中继器布局 双击"中继器"，打开中继器编辑页面。在检查窗口样式标签下，选择垂直或水平，设置中继器数据垂直或水平排列；勾选排布复选框，可设置每行或每列的数据数量
	设置分页 双击"中继器"，打开中继器编辑页面。在检查窗口样式标签下，勾选"多页显示"复选框，在每页项目数和起始页后输入数值，设置每一页的数据量和初始页面

	设置间距 双击"中继器",打开中继器编辑页面。在检查窗口样式标签下的行、列后输入数值,调整每行和每列的间距

2.2.5　框架部件

框架部件在大部分的汉化包中被翻译为内部框架。内部框架部件的主要功能是引用指定的页面或文档,包括音频、视频、地图和网页等。引用的页面或文档有两类,一类是当前文件中的页面,另一类是URL链接或指定地址的文件。

在内部框架的引用文档中,比较酷炫的效果应该是引用视频。而在视频文件的引用设置中,最主要的一个步骤就是获取视频文件地址。接下来,就让我们来看看如何用内部框架嵌入一个视频。

实战:用框架嵌入企业宣传视频

步骤1

打开企业原型.rp,双击"客户服务"打开编辑页面。

步骤2

从部件窗口中拖曳1个内部框架到编辑窗口。然后调整内部框架的大小,设置框架滚动条为"从不显示滚动条",勾选"隐藏边框",在预览图像中选中"视频"。

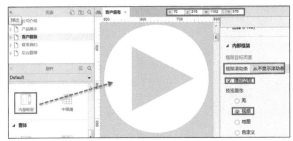

步骤3

　　在视频网站中找到要放入原型的视频，并获取视频链接。案例中的视频链接可以从视频网站中获得。

步骤4

　　双击内部框架打开链接属性窗口，选择"链接到外部URL或本地文件"，设计超链接为上一步中的视频所在网址。

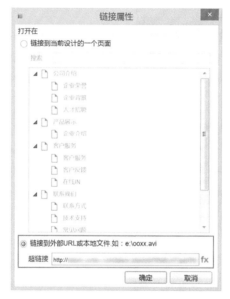

步骤5

　　生成原型，查看效果。

框架部件的常用属性

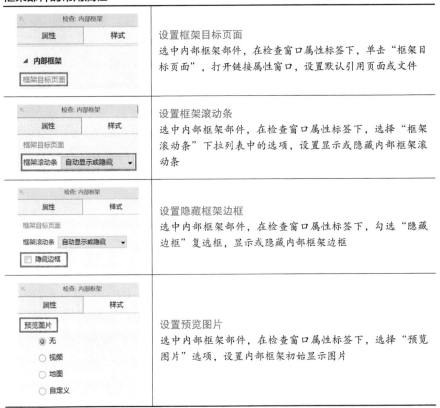

	设置框架目标页面 选中内部框架部件，在检查窗口属性标签下，单击"框架目标页面"，打开链接属性窗口，设置默认引用页面或文件
	设置框架滚动条 选中内部框架部件，在检查窗口属性标签下，选择"框架滚动条"下拉列表中的选项，设置显示或隐藏内部框架滚动条
	设置隐藏框架边框 选中内部框架部件，在检查窗口属性标签下，勾选"隐藏边框"复选框，显示或隐藏内部框架边框
	设置预览图片 选中内部框架部件，在检查窗口属性标签下，选择"预览图片"选项，设置内部框架初始显示图片

2.2.6　文本输入框部件

　　表单页面的设计离不开文本输入框部件，表单部件一共有7种部件类型，文本输入框是最常用的部件之一。在文本输入框中设置的交互有很多，尤其是注册、登录表单中文本输入框的交互，经常作为案例被反复分析、说明。这是由于在注册或登录表单中，文本输入框有多种不同情况的交互用例。

　　下面学习登录表单中，账号文本输入框带条件的部件的应用方法。

实战：账号输入框的输入提示

步骤1

从部件窗口中拖曳1个标签部件到编辑页面中，然后双击标签编辑文本为"账号名"。

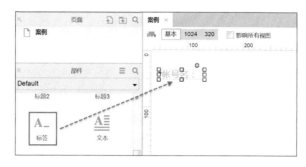

步骤2

从部件窗口中拖曳1个文本框部件，放置在"账号名"的后面，调整部件长度。在检查窗口中设置其名称为"账号"。

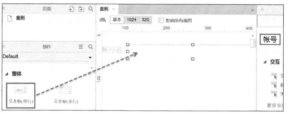

步骤3

从部件窗口中拖曳1个矩形部件到编辑页面中，放置在文本框的后面，然后设置其背景色为红色，线条色为红色。

双击矩形，编辑文本为"请输入邮箱/用户名/手机号"。在检查窗口中设置其名称为"账号信息"。

步骤4

选中"账号信息"，单击鼠标右键，在快捷菜单中选择"设为隐藏"。

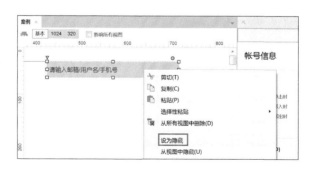

步骤5

选中"账号"文本框，在检查窗口中双击"文本改变时"事件，打开用例编辑器。

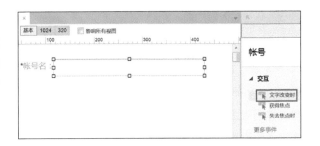

步骤6

单击"编辑条件"按钮，打开条件生成器，设置用例条件为"部件文字、账号、==、值"；

添加动作：显示 / 隐藏；

配置动作：勾选选择要隐藏或显示的部件下的"账号信息（矩形）"；

可见性：显示；

单击"确定"按钮，关闭用例编辑器。

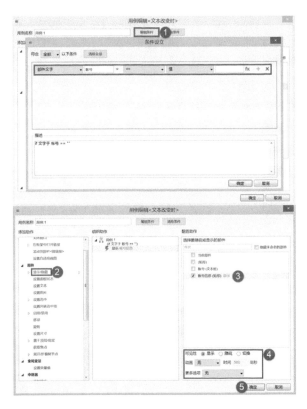

步骤7

再次双击"文本改变时"事件，打开用例编辑器，编辑用例2。

单击"编辑条件"按钮打开条件生成器，设置用例条件为"部件文字、账号、！=、值"；

添加动作：显示/隐藏；

配置动作：勾选选择要隐藏或显示的部件下的"账号信息（矩形）"；

可见性：隐藏；

单击"确定"按钮，关闭用例编辑器。

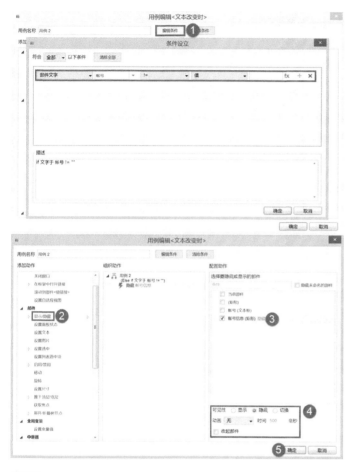

步骤8

生成原型，查看效果。

文本输入框的常用属性

	设置文本框类型 选中文本框部件，在检查窗口属性标签下，选择"类型"下拉列表中的选项，设置文本框输入类型
	文本框提示文字设置 选中文本框部件，在检查窗口属性标签下的"提示文字"输入框中输入文本，文本框中将显示默认的提示文字
	提示文字样式设置 选中文本框部件，在检查窗口属性标签下，单击"提示样式"，设置提示文字的样式
	设置提示文字触发事件 Axure RP 8.0新功能：选中文本框部件，在检查窗口属性标签下，选择"输入"或"获取焦点"提示样式，已设置的文本框提示文字将在"文本输入时"或在"文本框获得焦点时"隐藏
	设置文本框文本长度 选中文本框部件，在检查窗口属性标签下的"最大长度"输入框中输入最大长度数值。生成原型后，文本框仅能输入设置长度的文本，多出的文本无法输入

第 **3** 章

交互原型设计

交互原型设计时，最常遇到的问题是事件设置错误或者不清楚应该用什么用例来完成交互，甚至不清楚交互效果在Axure 中是否可以实现。如果这些问题你感同身受，那么建议你仔细阅读本章，因为上面这些问题都是对交互要素了解不深而造成的。本章主要介绍两个重要的交互要素，即事件和动作。

本章知识点

■ 常用交互事件

■ 常用用例动作

3.1 事件

3.1.1 鼠标单击时

"鼠标单击时"事件指用鼠标左键单击部件时触发的事件。在Axure默认的部件库中，大部分部件都能够设置鼠标左键单击事件，仅表格、水平菜单、垂直菜单部件，无法触发执行鼠标左键单击事件。

在下面的案例中，我们将设置鼠标单击"公司介绍"按钮显示二级导航，来体会"鼠标单击时"事件是如何触发的。

实战：切换显示的二级导航菜单

步骤1

打开"企业原型"客户服务页面，复制主导航中的"公司介绍""产品展示"和"客户服务"标签，放置在公司介绍下作为二级导航。

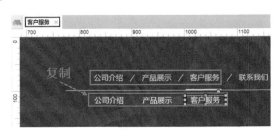

步骤2

分别双击复制的标签，编辑文本为"企业荣誉""企业背景"和"人才招聘"。

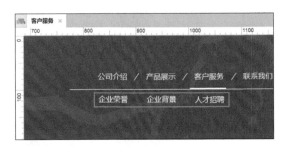

步骤3

全选3个标签，单击鼠标右键，在快捷菜单中选择"组合"，在检查窗口中设置组合的名称为"公司介绍"。

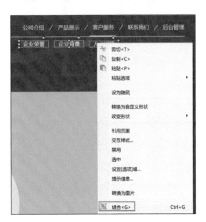

步骤4

选中组合，单击鼠标右键，在快捷菜单中选择"设为隐藏"。

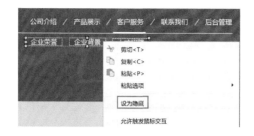

步骤5

选中主导航中的"公司介绍"按钮，在检查窗口中双击"鼠标单击时"事件，打开用例编辑器。

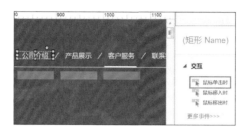

步骤6

第二步：点击新增动作：切换可见性；

第四步：配置动作：勾选选择隐藏/显示的部件下的"公司介绍（组合）"；

可见性：切换；

单击"确定"按钮，关闭用例编辑器。

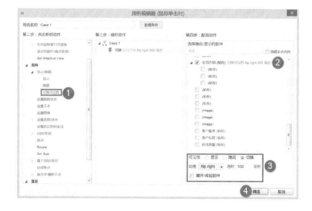

步骤7

生成原型，查看效果。

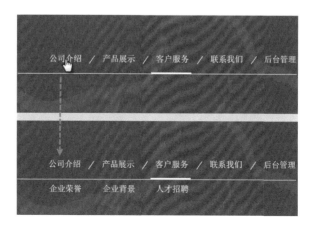

3.1.2 鼠标移入/移出时

鼠标移入时：指鼠标进入部件范围时触发的事件。

鼠标移出时：指鼠标移出部件范围时触发的事件。

在部件交互事件中，如果设置了"鼠标移入时"事件，那么多数情况下也会相应地设置"鼠标移出时"事件。这2个事件经常共同出现在一个交互中。

"鼠标移入时"事件和"鼠标移出时"事件仅在部件为显示状态时触发（也适用大部分其他的事件），如部件被设置为"隐藏"，那么部件设置的"鼠标移入/移出时"事件也将会被"隐藏"，不显示交互效果。

接下来，给大家展示一个图片蒙版的交互效果。当鼠标移入图片时，蒙版覆盖整个图片；当鼠标移出图片时，蒙版仅显示在图片下面小部分范围。

实战：鼠标移入、移出时切换显示半透明遮罩层

步骤1

从部件窗口中拖入3文本标签部件，分别双击编辑文本为"客户服务""Customer Service"和"查看更多"。

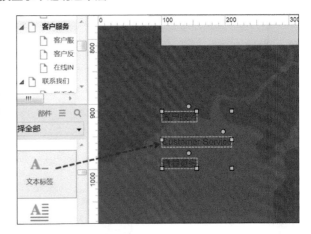

步骤2

选中3个文本标签，设置字体颜色为白色。分别设置字体大小为22、18、16。然后将3个文本标签放置到合适的位置。

步骤3

从部件窗口中拖曳1个图片部件，双击图片部件导入"3.1.2A.jpg"；设置图片位置与大小（*x*:330，*y*:814，*w*:250，*h*:151）。

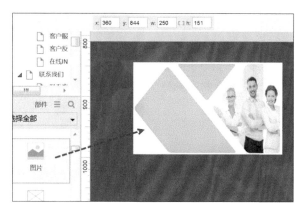

步骤4

从部件窗口中拖曳1个矩形2部件到编辑页面中，调整矩形大小，与图片底部对齐，放置在图片上；设置填充颜色为红色，不透明为60%；双击矩形编辑文本为"客户服务"。

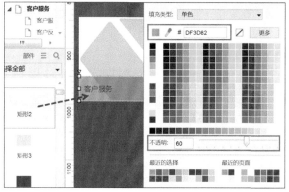

步骤5

选中图片部件，在检查窗口中双击"鼠标移入时"打开用例编辑器。

步骤6

添加动作：设置尺寸；

配置动作：勾选选择调整尺寸的部件下的"客户服务（矩形）"

宽：250，高：151，锚点：底部，动画：线性，时间：500毫秒。

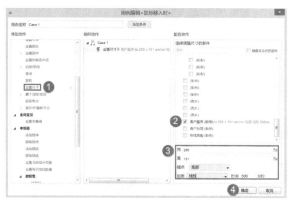

步骤7

　　选择"客户服务"
部件,在检查窗口中双击
"鼠标移出时"打开用例
编辑器。

步骤8

　　添加动作:设置尺
寸;配置动作:勾选选择
调整尺寸的部件下的"客
户服务(矩形)";

　　宽:250,高:45,
锚点:底部,动画:线
性,时间:500毫秒。

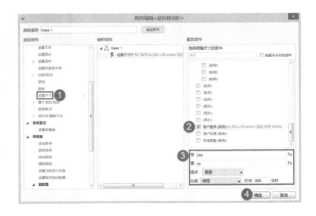

步骤9

　　重复步骤3~8,制作
"客户反馈(矩形)"和
"在线服务(矩形)"的
内容。

步骤10

　　生成原型,查看效果。

3.1.3　获得焦点时/失去焦点时

获得焦点时: 指部件获得焦点时触发的事件。

失去焦点时: 指部件失去焦点时触发的事件。

与"鼠标移入/移出时"事件一样,"获得焦点时/失去焦点时"事件也是经常在同一个交互中出现的事件。在考虑"获得焦点时"事件时,需要考虑是否有对应的"失去焦点时"事件。

"获得焦点时/失去焦点时"事件的常用部件搭档是文本框。事件应用场景经常出现在文本框的各类提示交互中。

下面的案例是APP原型中的一个交互。当单击评价说明输入框时,手机键盘向上弹出; 当焦点不在评价输入框时,手机键盘向下收起。交互中用到了"获取焦点时"和"失去焦点时"2个事件。

实战: 获取焦点时、失去焦点时软键盘的弹出与收起

步骤1

打开新文件,从部件窗口中拖曳1个图片部件到编辑页面中,双击图片部件导入"3.1.3A.png"。

步骤2

再从部件窗口中拖曳1个图片部件，双击图片部件导入"3.1.3B.png"和"3.1.3A.png"，设置为底部对齐；在检查窗口中设置其名称为"board"；单击鼠标右键，在快捷菜单中选择"设为隐藏"；放置到页面底层。

步骤3

从部件窗口中拖曳1个多行文本框，设置文本框大小并拖放到合适的位置；在检查窗口中设置其名称为"文本框"。

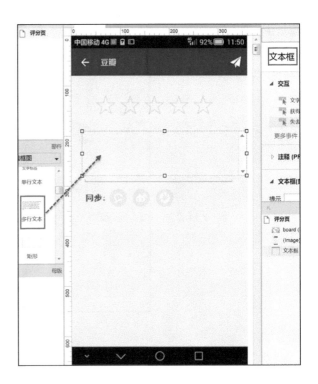

步骤4

　　从部件窗口中拖曳1
个矩形部件，设置其填充
色为灰色，然后将其放置
在多行文本框滚动条上，
使输入界面更美观。

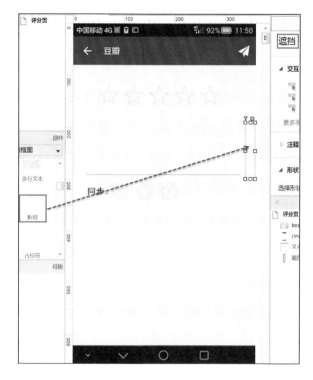

步骤5

　　选中"文本框"，在
检查窗口中双击"获取焦
点时"事件，打开用例编
辑器。

步骤6

第二步：点击新增动作：显示；

第四步：配置动作：勾选选择隐藏/显示的部件下的"board（Image）"；

可见性：显示，动画：向上滑动，用时：500毫秒，更多选项：置于顶层；

单击"确定"按钮，关闭用例编辑器。

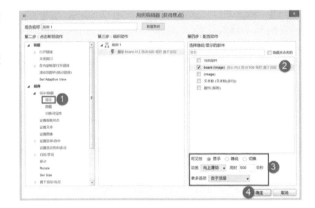

步骤7

继续选中"文本框"，在检查窗口中双击"失去焦点时"事件，打开用例编辑器。

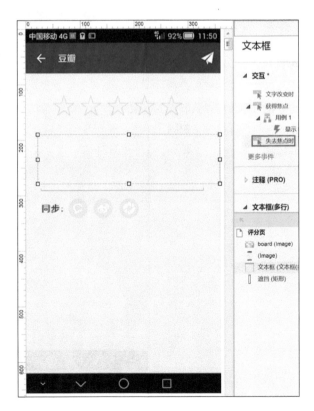

步骤8

第二步：点击新增动作：隐藏；

第四步：配置动作：勾选选择隐藏／显示的部件下的"board（Image）"；

可见性：隐藏，动画：向下滑动，用时：500毫秒；

单击"确定"按钮，关闭用例编辑器。

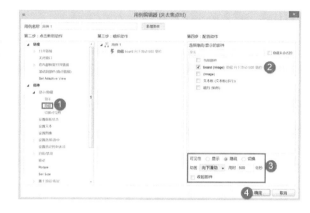

步骤9

生成原型，查看效果。

3.1.4 鼠标单击并保持超过2秒时

鼠标单击并保持超过2秒时：指鼠标保持单击部件超过2秒时触发的事件。这个事件多应用在移动端的交互中，也就是手指长按的交互事件。因为在移动端交互中无鼠标右键的交互，所以web端的有些右键动作在移动端中被设置为"鼠标单击并保持超过2秒时"事件。

"鼠标单击并保持超过2秒时"事件的案例我们选择了移动端长按列表项，弹出功能提示层的交互。

实战：鼠标长按弹出列表选项框

步骤1

创建一个手机应用列表，用矩形作为背景，6个列表上分别写明列表1~列表6。

步骤2

创建一个编辑菜单。从部件库中拖曳1个矩形部件到线框图编辑区中，调整形状为"向右演说气泡"，填充颜色，并添加2个单行文本，输入"收藏"和"删除"。

步骤3

选中气泡和"收藏""删除"2个单行文本，单击鼠标右键打开快捷菜单，单击"转换为动态面板"，并将其命名为"编辑菜单"。

步骤4

选中"动态面板"，在工具栏中选择"设为隐藏"，然后将动态面板移动到列表2的上方。

步骤5

选中"列表2",在检查窗口中,单击"鼠标单击保持超过2秒时"事件,打开用例编辑器。

步骤6

在用例编辑器中进行如下设置。

第二步:点击新增动作:显示;

第四步:配置动作:勾选选择隐藏/显示的部件下的"编辑菜单(动态面板)";

单击"确定"按钮,保存设置内容并关闭用例编辑器。

步骤7

制作完成,保存文件,生成原型预览。

3.1.5 向左、向右滑动时

向左滑动时：鼠标或手指向左滑动部件时触发的事件。

向右滑动时：鼠标或手指向右滑动部件时触发的事件。

"向左、向右滑动时"事件只有一个可搭配的部件，即动态面板。也就是说，只有动态面板部件才可以设置向左、向右滑动时事件。这2个事件也是我们在介绍动态面板部件时说的，部件特有的事件。

"向左、向右滑动时"事件与"鼠标移入/移出时""获得焦点时/失去焦点时"事件一样，是交互中的一对事件，多搭配使用。"向左、向右滑动时"事件的使用场景也多在移动端产品中，典型的交互是移动端APP整屏频道的左右滑动切换。

那么，就让我们来看看典型的交互，即左右滑动切换移动端界面是如何设计制作的吧。

实战：向左、向右滑动切换APP列表界面
步骤1

准备并导入一张系统菜单导航图片。

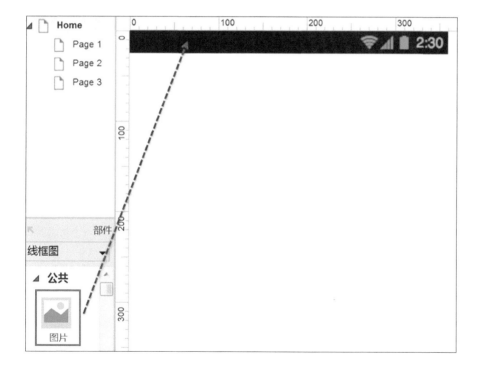

步骤2

从部件窗口中拖曳1个矩形部件到线框图编辑区中，并调整其大小（w: 360；h: 615），填充颜色为蓝色。

双击矩形输入文本"列表1"，在检查窗口中将其命名为"列表1"。

步骤3

选中"列表1"，单击鼠标右键打开快捷菜单，单击"转换为动态面板"。

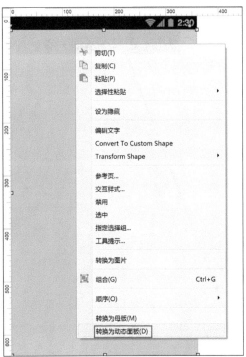

步骤4

　　双击"动态面板"，打开"动态面板状态管理"窗口，设置动态面板名称为"应用列表"。

　　单击"+"按钮新增2个状态，分别给3个状态命名为"列表1""列表2"和"列表3"。

步骤5

　　在动态面板状态管理窗口中，双击"列表2"状态打开状态编辑页，参考步骤2，创建列表2，注意填充不同的颜色，以示区分。

步骤6

　　在动态面板状态管理窗口中，双击"列表3"状态打开状态编辑页，参考步骤2，创建列表3，注意填充不同的颜色，以示区分。

步骤7

　　回到首页，选中"应用列表（动态面板）"，双击检查窗口中的"向左滑动时"事件，打开用例编辑器。

步骤8

在用例编辑器中进行如下设置。

第二步：点击新增动作：设置面板状态；

第四步：配置动作：勾选选择要设置状态的动态面板下的"设置应用列表（动态面板）"；

Select state为"Next"，进入时动画：向左滑动，用时：500毫秒；退出时动画：向左滑动，用时：500毫秒；

单击"确定"按钮，关闭用例编辑器。

步骤9

选中应用列表动态面板，在检查窗口中双击"向右滑动时"事件，打开用例编辑器。

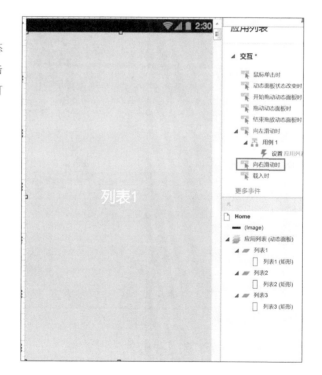

步骤10

在用例编辑器中进行如下设置。

第二步：点击新增动作：设置面板状态；

第四步：配置动作：勾选选择要设置状态的动态面板下的"设置应用列表（动态面板）"；

Select state为"Previous"，进入时动画：向右滑动，用时：500毫秒；退出时动画：向右滑动，用时：500毫秒；

单击"确定"按钮，关闭用例编辑器。

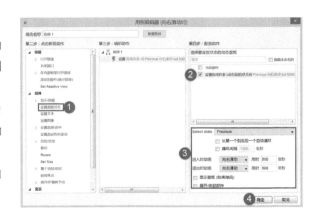

步骤11

制作完成，生成原型预览。

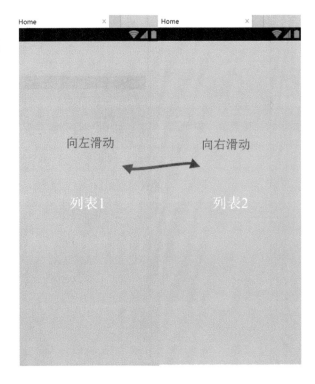

3.1.6 下拉列表项改变时

下拉列表项改变时：设置下拉列表框选项时触发的事件。

"下拉列表项改变时"事件的名称明显提示我们，这个事件搭配使用的部件为下拉列表框。"下拉列表项改变时"事件是下拉列表框的特定部件事件。下拉列框中的列表项是可以自由输入的。生成原型后，使用者可以选择不同的列表项，当切换选择不同的列表项时，如果需要对应不同的交互动作触发，就可以使用下拉列表项改变时事件。

"下拉列表项改变时"事件案例中的地区是二级地域层级，分为"城市"和"区"，交互为选择城市下拉列表项中的城市时，在"区"下拉列表项中显示相应的区选项。

实战：市、区二级联动下拉菜单制作

步骤1

从部件窗口中拖曳1个下拉列表框部件到线框图编辑区中，调整其大小，并命名为"城市"。

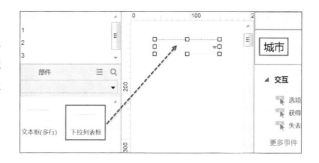

步骤2

双击"城市"列表框，打开编辑选项窗口。

单击"新增多个"按钮，打开新增多个窗口，输入城市名称；输入完成单击"确定"按钮，保存并关闭"新增多个"窗口。

回到编辑选项窗口，单击"确定"按钮，关闭窗口。

步骤3

参考步骤1创建1个下拉列表框，选中列表框，单击鼠标右键打开快捷菜单，单击"转换为动态面板"，然后将其命名为"区域"。

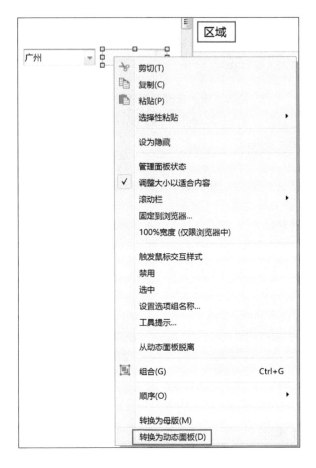

步骤4

双击"区域动态面板"，打开"动态面板状态管理"窗口，新增2个状态，将3个状态分别命名为"广州""深圳"和"阳江"。

单击"广州"状态，打开"广州"状态页进行编辑。

步骤5

参考步骤2，为"广州"状态中的下拉列表框添加区域选项。

步骤6

打开"深圳"状态页面，从部件窗口中拖曳1个下拉列表部件到编辑区中，并调整成与"广州"的区域的下拉列表框一样的大小，参考步骤2，给"深圳"添加区域选项。

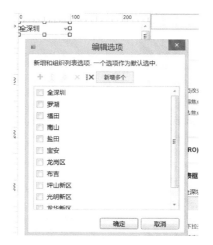

步骤7

参考步骤6，为"阳江"状态添加列表和列表选项。

步骤8

回到首页，选中"城市"下拉列表框，双击检查窗口中的"选项改变时"事件，打开用例编辑器。

步骤9

在用例编辑器中进行如下设置。

单击"编辑条件"按钮，打开条件生成窗口，将用例条件设置为选中项值、城市、=、选项、广州；

第二步：点击新增动作：设置面板状态；

第四步：配置动作：勾选选择要设置状态的动态面板下的"设置区域（动态面板）"；

Select state：广州；

单击"确定"按钮，关闭用例编辑器。

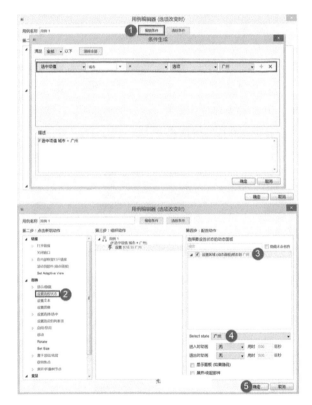

步骤10

参考步骤8和步骤9，继续设置选项改变时事件用例2。

单击"编辑条件"按钮，打开条件生成窗口，将用例条件设置为选中项值、城市、=、选项、深圳；

第二步：点击新增动作：设置面板状态；

第四步：配置动作：勾选选择要设置状态的动态面板下的"设置区域（动态面板）"；

Select state：深圳；

单击"确定"按钮，关闭用例编辑器。

步骤11

参考步骤10，为城市下拉列表框添加选项改变时事件，只需要把对应的"深圳"修改为"阳江"即可。

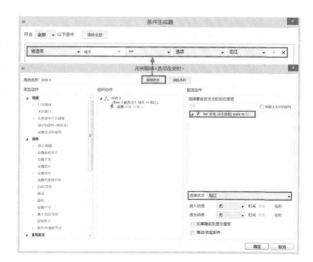

步骤12

制作完成，生成原型预览。

3.2 用例动作

3.2.1 打开链接

打开链接动作用来设置触发交互事件时，打开一个页面链接。

打开链接动作可以链接的页面类型为当前项目的页面、本地文件、URL网页。另外，也可以设置刷新当前页面或单击返回上一页，如右图所示。

生成原型后，单击打开链接，可以设置不同的页面打开方式，包括当前窗口、新窗口/新标签、弹出窗口、父级窗口，如右图所示。

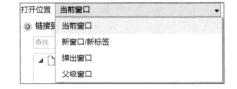

父级窗口是指在Page1中有一个页面链接，单击后跳转到Page2，那么Page1就是Page2的父窗口。因此，如果在Page1的页面链接动作中，设置Page2的打开窗口是在"当前标签页面窗口"打开时，Page2中的打开链接动作设置在父级窗口打开是无法执行动作的。

接下来，还是让我们看一下如何设置一个基本的页面链接。

实战：当前窗口中列表到内容页面的跳转

步骤1

新建2个页面，即"打开链接"和"打开内容"。

双击打开链接页面，在页面编辑窗口中，选中需要添加链接的部件。

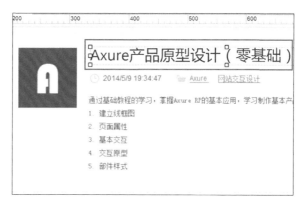

步骤2

在检查窗口中，双击"鼠标单击时"事件，打开用例编辑器。

步骤3

在用例编辑器窗口中进行如下设置。

第二步：点击新增动作：打开链接；

第四步：配置动作：选择当前窗口下的"打开内容"；

单击"确定"按钮，完成设置。

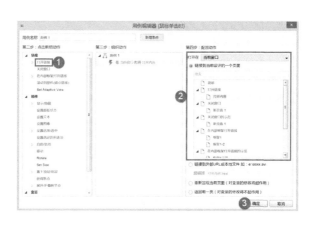

步骤4

生成原型，查看效果。

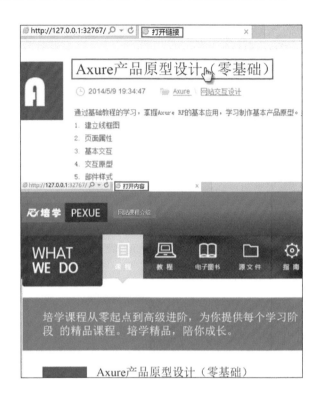

3.2.2　滚动到部件（锚点链接）

　　"滚动到部件（锚点链接）"动作用来设置部件触发页面跳转到指定位置，指定跳转的位置可以是当前页面的跳转，也可以是项目其他页面的指定位置跳转。

　　"滚动到部件（锚点链接）"动作多用于内容较多的页面中，因为页面长度过长会造成浏览困难，在导航上进行锚点跳转设置，可以方便用户阅读。

　　下面我们一起来制作一个跨页面跳转到指定页面的指定位置的交互。在案例中，单击产品列表中的产品名称，首先会跳转到当前产品的详细页，另外，由于希望突出产品视频，所以在跳转到产品详细页时，我们通过锚点设置，让页面的首屏滚动到产品视频的区域。

实战：页面跳转时打开指定位置的页面

步骤1

新建页面"滚动到部件"，双击打开"滚动到部件"页面。从部件窗口中拖曳1个图片部件到线框图窗口，导入视频列表页。

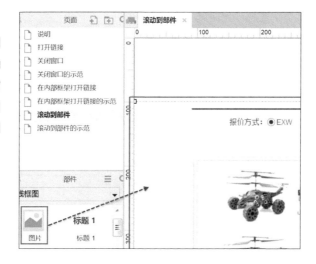

步骤2

从部件窗口中拖曳1个单行文本部件到线框图编辑窗口中，放置在第一个视频的商品名称位置。

双击"单行文本"，编辑文本为"三通红外线遥控陆空战机带陀螺仪，USB，红黑2色"。

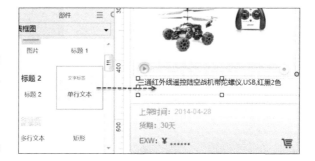

步骤3

新建"滚动到部件"的子页面，重命名为"详细页"，双击"详细页"打开编辑页面。

步骤4

　　从部件窗口中拖曳
1个图片部件到线框图窗
口中，导入"三通红外线
遥控陆空战机带陀螺仪，
USB，红黑2色"商品详
细页。

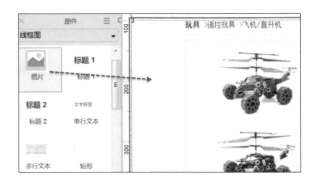

步骤5

　　从部件窗口中拖曳
1个图片热区部件到视频
位置。

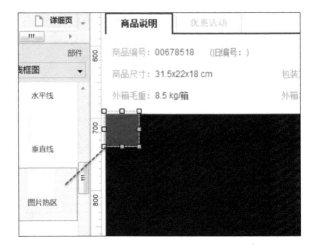

步骤6

　　在页面窗口中双击打
开"滚动到部件"页面，
选中文本为"三通红外线
遥控陆空战机带陀螺仪，
USB，红黑2色"的单行文
本，双击"鼠标单击时"
事件，打开用例编辑器。

步骤7

第二步：点击新增动
作：打开链接；

第四步：配置动作：
选择当前窗口下的"详细
页"；

单击"确定"按钮，
关闭窗口。

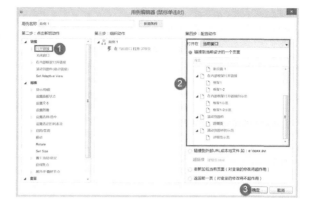

步骤8

在页面窗口中双击打
开"详细页"，在检查窗
口中双击"页面载入时"
事件，打开用例编辑器。

步骤9

第二步：点击新增动
作：滚动到部件（锚点链
接）；

第四步：配置动作：
勾选选择部件下的"图像
热区"；

单击"确定"按钮，
关闭窗口。

步骤10

生成原型，查看效果。

3.2.3　显示/隐藏

"显示/隐藏"动作是设置指定部件在原型中可见或不可见的动作。

把自己当作魔术师吧！用"显示/隐藏"动作变出原型中希望让用户看见的部件，或暂时隐藏不希望用户看到的部件。"显示/隐藏"动作适用场景很多，是用例动作中常用的动作，例如，显示/隐藏提示窗口、二级导航的切换显示、手风琴面板等交互都会用到这个动作。

使用"显示/隐藏"部件时，还可以设置动画效果，Axure RP 8.0版本中新增了翻转动画，包括flip up、flip down、flip left和flip right。使用"显示/隐藏"部件时结合翻转动画和滑动动画，可以设计出很多交互效果。

下面以切换显示、隐藏登录窗口为案例，一起加深对"显示/隐藏"动作的了解。

实战：弹出层用户登录页面制作

步骤1

从部件窗口中拖曳1个图片部件，双击图片部件，导入首页图片。

步骤2

从部件窗口中拖曳1个图片部件到线框图编辑窗口中，双击图片部件，导入登录按钮，将其放置在注册按钮前。

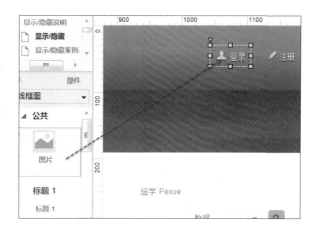

步骤3

从部件窗口中拖曳1个图片部件到线框图编辑窗口中，双击图片部件，导入登录面板，设置图片名称为"登录面板"。

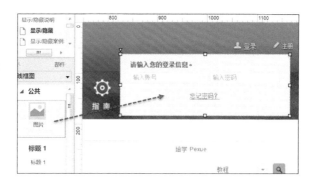

步骤4

　　选中登录面板，单击鼠标右键，在快捷菜单中选择"设为隐藏"。

步骤5

　　选中"登录"，双击"鼠标单击时"事件，打开用例编辑器。

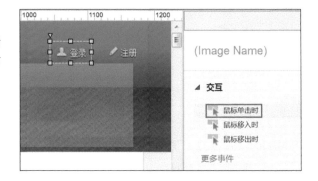

步骤6

　　第二步：点击新增动作：切换可见性；

　　第四步：配置动作：勾选选择隐藏/显示的部件下的"登录面板""用户名""密码"和"登录2"；

　　单击"确定"按钮，关闭窗口。

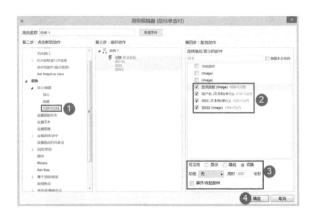

步骤7

　　生成原型，查看效果。

3.2.4　设置选择/选中

"设置选择/选中"动作是设置指定部件为选中状态或取消选中状态。

如果我们没有对指定部件设置选中状态样式，那么即使设置了部件的"选择/选中"状态动作，生成原型后，触发部件"选择/选中"时，也不会有变化。所以，在设置部件"选择/选中"交互效果时，需要能够在界面上看到选中或未选中的样式变化，一定要在设置"选择/选中"动作前，先给触发部件设置选中样式。

在新闻宣传图片交互中，鼠标指针移入时，图片和新闻标题同时显示不同的样式。鼠标指针移出时，恢复默认新闻图片交互样式，下面就来看看其实现步骤吧。

实战：图文新闻标题的选中效果制作

步骤1

从部件窗口中拖曳1个图片部件，双击图片部件，导入新闻图片，设置图片名称为"新闻图片"。

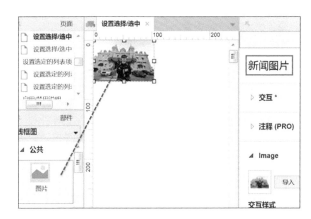

步骤2

从部件窗口中拖曳1个矩形部件到编辑页面中，双击矩形部件，编辑文本为"皇家赌场练成记"。

设置矩形的填充颜色为黑色，不透明度为60%；设置字体的颜色为白色；图片名称为"新闻标题"。

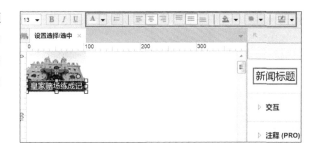

步骤3

　　选中"新闻图片"部件，在检查窗口中单击"选中"按钮，打开设置交互样式窗口。

步骤4

　　在设置交互样式窗口中勾选"Image"，单击"导入"按钮，导入选中的图片。单击"确定"按钮，关闭窗口。

步骤5

　　选中"新闻标题"部件，在检查窗口中单击"选中"按钮，打开设置交互样式窗口。

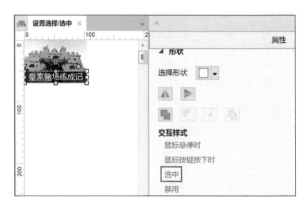

步骤6

在设置交互样式窗口中勾选"字体颜色",单击下拉按钮打开拾色器,设置字体颜色为黄色。

单击"确定"按钮,关闭窗口。

步骤7

选中"新闻图片"部件,双击"鼠标移入时"事件,打开用例编辑器。

步骤8

在用例编辑器中进行如下设置。

第二步:点击新增动作:选中;

第四步:配置动作:勾选选择要设置所选状态的部件下的"新闻图片"和"新闻标题";

新闻图片的选择选定状态到:"值""真",新闻标题的选择选定状态到:"选中状态值""新闻图片";

单击"确定"按钮,关闭窗口。

步骤9

　　选中"新闻图片"部件,双击"鼠标移出时"事件,打开用例编辑器。

步骤10

　　第二步:点击新增动作:选中;

　　第四步:配置动作:勾选选择要设置所选状态的部件下的"新闻图片"和"新闻标题";

　　新闻图片的选择选定状态到:"值""假",新闻标题的选择选定状态到:"选中状态值""新闻图片";

　　单击"确定"按钮,关闭窗口。

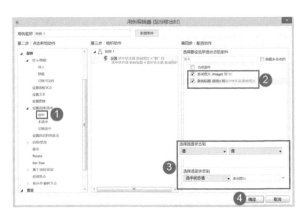

步骤11

　　生成原型,查看效果。

3.2.5　移动

　　"移动"动作设置指定部件在原型中移动到指定位置。

　　在3.2.2中我们学习的"滚动到部件"动作,是设置页面滚动到指定的位置,而在这里我们学习的"移动"动作,是设置部件移动到指定位置。明白差别,根据交互需要使用合适的动作。

在"移动"动作中，需要设置部件的移动位置，如右图所示。

设置方法有两种，即绝对位置和相对位置。绝对位置是指以线框图编辑窗口的坐标轴为原点的移动，而相对位置是以移动部件范围的左上角顶点为原点的移动。

下面制作一个用户登录出错时，错误信息晃动提示错误的交互。案例实现的交互：单击登录按钮，显示错误提示信息，显示错误提示时设置图片左右晃动增强提示效果。

实战：错误提示信息抖动提示效果

步骤1

从部件窗口中拖曳1个图片部件到编辑页面中，导入登录窗口界面、登录按钮和错误信息提示，并分别设置位置：登录窗口（x:450，y:21）；登录按钮（x:474，y:247）；错误信息（x:81，y:99）。

选择错误信息，单击鼠标右键在快捷菜单中选择"设为隐藏"。

步骤2

从部件窗口中拖曳2个文本框部件到编辑页面中，在属性和样式窗口中勾选"隐藏边框"，然后分别设置文本框的位置与大小：

文本框1（x:505，
y:107，w:130，h:25）；

文本框2（x:505，
y:167，w:165，h:25）。

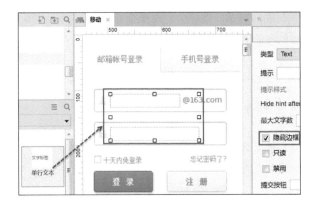

步骤3

选中"登录"按钮部
件，双击"鼠标单击时"
事件，打开用例编辑器。

步骤4-1

动作1：

第二步：点击新增动
作：显示；

第四步：配置动
作：勾选选择隐藏/显示
的部件下的"提示信息
（Image）"；

可见性：显示。

步骤4-2

动作2：

第二步：点击新增动作：移动；

第四步：配置动作：勾选选择移动的部件下的"提示信息（Image）"；

126

移动：绝对位置
（x:86，y:99），动画：线
性，用时：200毫秒。

步骤4-3

动作3~5：

重复动作2的设置，
分别设置动作3~5的移动
位置：

动作3：移动：绝对
位置（x:81，y:99）；

动作4：移动：绝对
位置（x:86，y:99）；

动作5：移动：绝对
位置（x:81，y:99）。

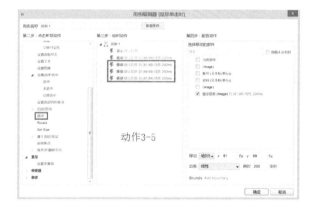

步骤5

生成原型，查看效果。

3.2.6　设置面板状态

"设置面板状态"动作，即设置切换动态面板到指定的状态。

"设置面板状态"动作是动态面板部件动作，仅动态面板部件才可以设置这个动作。使用这个动作，可以动态显示动态面板的不同状态。

设置动作时，需要指定切换的动态面板和对应的状态，除此之外，还可以设置切换显示的2个状态的进入、退出动画。另外，"推动/收起部件"的设置可以让动态面板显示的同时其他部件向下推动，如右图所示。

手风琴面板在Axure中可以用多种方法实现，在这里，就给大家分享用"设置面板状态"动作制作的方法。案例的交互效果是：单击列表项标题，当前列表项内容区向下推出，其他显示列表项下的内容区收起。

实战：手风琴面板制作

步骤1

从部件库中拖曳1个矩形2部件，并调整部件尺寸。双击部件编辑文本为"[输入列表项1]"。

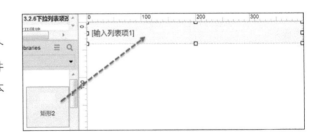

步骤2

从部件库中拖曳1个水平线，设置线条颜色为灰色，并放置在矩形下面。

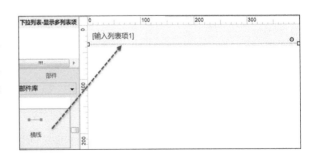

步骤3

复制矩形，放置在步骤1中的矩形下面。双击副本编辑文本为"[输入内容1]"。

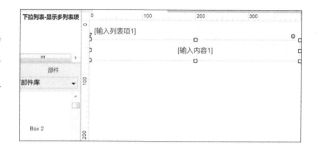

步骤4

全选步骤1~3的部件，复制2组副本。

分别修改文本为"[输入列表项2]""[输入内容2]""[输入列表项3]"和"[输入内容3]"。

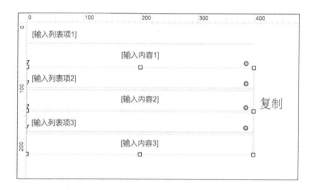

步骤5

全部选中编辑页面中的所有部件，单击鼠标右键，在快捷菜单中选择"转换为动态面板"。

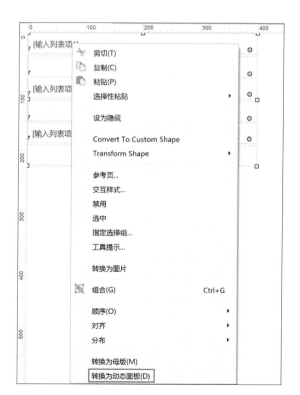

步骤6

双击"新建动态面板",打开"动态面板状态管理"窗口。

单击"添加"按钮,新增2个状态,单击"编辑全部状态"打开所有状态编辑页面。

步骤7

在"state1"状态编辑面中,选中"输入列表项1"按钮,在检查窗口中双击"鼠标单击时"事件,打开用例编辑器。

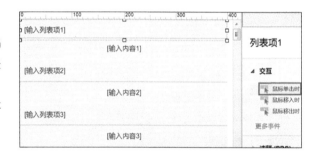

步骤8

第二步:点击新增动作:设置面板状态;

第四步:配置动作:勾选选择要设置状态的动态面板下的唯一的动态面板;

Select state为"state1"。

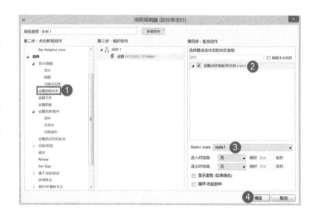

步骤9

复制"输入列表项1"的"鼠标单击时"事件用例1，粘贴到"输入列表项2"和"输入列表项3"中。

分别修改用例："输入列表项2"的Select state为"state2"；"输入列表项3"的Select state为"state3"。

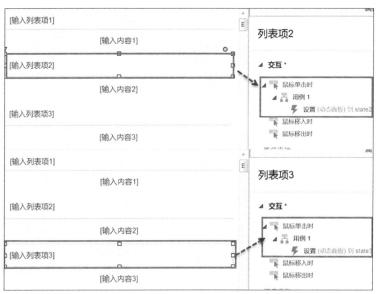

步骤10

将"状态1"的所有部件复制到"状态2"和"状态3"中。

步骤11

修改状态1~状态3的界面：

状态1内容区仅显示"[输入内容1]"；

状态2内容区仅显示"[输入内容2]"；

状态3内容区仅显示"[输入内容3]"。

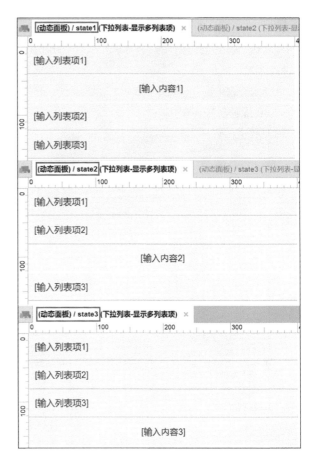

步骤12

生成原型，查看效果。

第 4 章

综合案例——原型交互设计

综合案例指一个交互需要两个以上的用例动作配合完成，也就是可以拆分为多个小交互的组合交互案例。在进行综合案例设计时，实现原理十分重要，不但会做还要理解为什么这么做，那么下次再碰到类似的交互自然轻车熟路。本章的每个实战案例中，都包括3部分内容，即交互说明、实现原理和实现步骤。

本章知识点
- 综合案例设计与制作
- Axure RP 8.0版本综合交互实例

写在综合案例前的话

学习使用Axure，一定要动手设计、制作，这样才可能掌握Axure工具。本章分享了17个综合案例，学习的同时，建议大家动手制作案例，以加深理解。

为了方便大家的学习，除了4.9的原型案例以外，其他案例的实现步骤讲解，都划分为两部分内容，即案例原型界面设计和交互设置。大家可以根据学习情况查看案例内容，对原型界面设计部分已熟悉的，可以找到我们提供的已经设计好的原型界面的Axure源文件（.rp），直接进行交互设置的学习。

进行原型设计时，界面元素设计是交互设置的基础。所以，我们还是建议大家可以从界面设计开始进行整个案例的学习，而界面设计中涉及的部件属性设置是需要重点掌握的内容。

4.1 移动APP抽屉式导航

交互说明

1．单击APP首页的"打开"按钮，从左侧水平滑动出"树导航"。

2．向左滑动"树导航"，"树导航"向左移入隐藏。

实现原理

抽屉式导航的制作，是实现"树导航"从坐标（*x*:-230，*y*:0）到坐标（*x*:0，*y*:0）的双向移动，如下图所示。

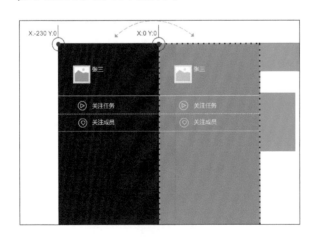

分别在"打开"按钮和"树导航"动态面板两个部件中，设置"鼠标单击时"和"向左滑动时"事件，使用"移动"动作，让"树导航"在两个坐标间移动。

实现步骤

第一部分：原型界面制作

步骤1

从部件库中拖曳1个矩形1部件，设置矩形部件的填充色为蓝色，矩形长和宽为w:320，h:20（iOS系统状态栏高度为20）。

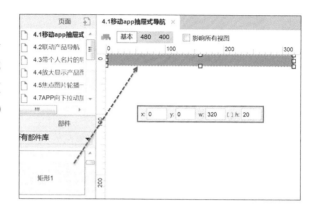

步骤2

复制步骤1中的矩形部件，重新设置副本高度为44（iOS导航栏高度要求为44），双击矩形编辑文本为"OA办公"。

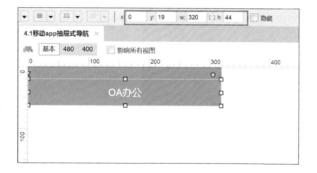

步骤3

从部件库中拖曳1个矩形1部件，在检查窗口中选择形状为圆形；设置圆形的线条色为白色。然后将其放置在状态栏的左边。

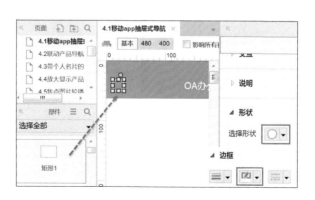

步骤4

从部件库中拖曳1条水平线，设置水平线的颜色为白色，调整水平线的长度为10。

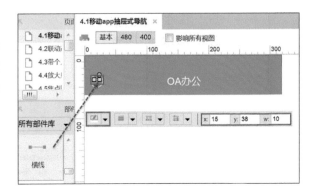

步骤5

复制2个副本，放置在步骤4水平线的下面。全选3条水平线，对齐设置为左对齐，分布设置为垂直分布。

全选步骤3~5中的部件(3条水平线)，单击鼠标右键，在快捷菜单中选择"组合"；在检查窗口中设置组合名称为"打开"。

步骤6

从部件库中拖曳1个矩形2部件到编辑窗口，设置矩形大小：(w:145，h:130)；双击矩形编辑文本为"任务"；设置矩形背景色为黄色。

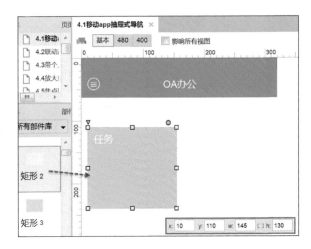

步骤7

复制2个步骤6中的矩形，分别修改颜色为蓝色、绿色；编辑矩形文本为"报告""组织成员"。

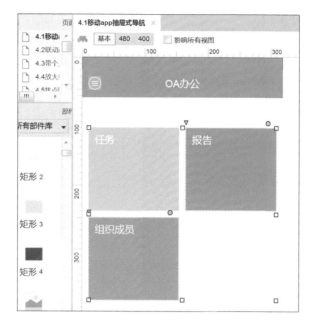

步骤8

从部件库中拖曳1个矩形2部件，设置矩形背景色为黑色；大小（*w*:230，*h*:480）。

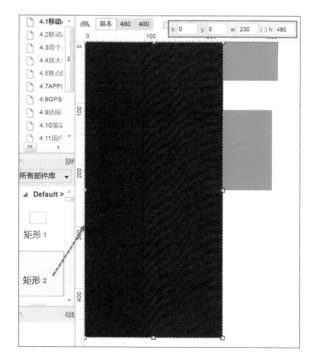

步骤9

从部件窗口中拖曳1个图片部件，作为个人头像。

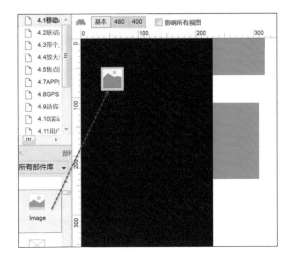

步骤10

从部件库中拖曳1个标签部件，双击编辑文本为"张三"。

复制2个标签部件副本，分别编辑副本文本为"关注任务""关注成员"。

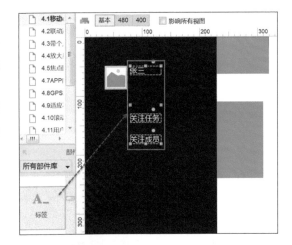

步骤11

从部件库中拖曳2个矩形1部件，分别设置边线颜色为白色。

选择形状为圆形、右三角；组合在一起，放置在关注任务前。再复制1个组合副本放置在关注成员前。

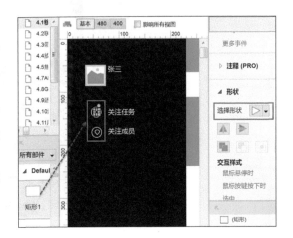

步骤12

分别拖曳3条水平线，设置水平线线条颜色为白色，然后将其放置在两个关注按钮的中间。

将中间一条水平线的线条样式设置为"虚线"。

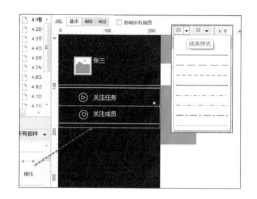

步骤13

全选步骤8~12的部件，单击鼠标右键，在快捷菜单中选择"转换为动态面板"，在检查窗口中设置面板名称为"树导航"。

设置树导航位置（x:-230，y:0）。

第二部分：交互设置

步骤14

选中"打开"组合，双击"鼠标单击时"事件，打开用例编辑器。

第二步：点击新增动作：移动；

第四步：配置动作：勾选选择移动的部件下的"树导航"；

移动：绝对位置（x:0，y:0），动画：线性，用时：500毫秒；

单击"确定"按钮，关闭用例编辑器。

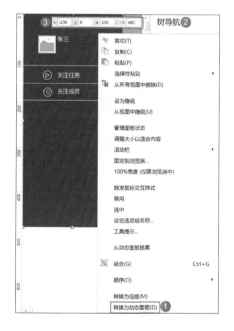

步骤15

选中"树导航"动态面板，双击"向左滑动时"，打开用例编辑器。

第二步：点击新增动作：移动；

第四步：配置动作：勾选选择移动的部件下的"树导航"；

移动：绝对位置（x:-230，y:0）；动画：线性，用时：500毫秒；

单击"确定"按钮，关闭用例编辑器。

步骤16

生成原型，查看效果。

4.2　下拉菜单商品分类导航

交互说明

1．单击"家用电器"按钮，切换动态面板到"家用电器"频道状态页。

2．单击"家用电器"按钮，设置"家用电器"按钮为选中状态。其他14个产品分类按钮为未选中状态。

3．鼠标移出面板时，切换到默认状态页面，15个分类按钮全部恢复为未选中状态。

实现原理

在联动产品导航案例中，主要有两个交互内容，一是使用"设置面板状态"动作，分别在"家用电器"按钮、动态面板部件上设置事件，切换动态面板到对应的状态页。实现单击"家用电器"按钮，移出动态面板，显示不同内容的效果。

二是设置产品按钮的"选中"状态，标识当前显示的产品内容分类。即切换到产品内容时，设置产品按钮为选中状态，其他状态设为未选中。显示默认状态内容时，产品按钮都为未选中状态。

实现步骤

第一部分：原型界面制作

步骤1

从部件窗口中拖曳1个矩形2部件，设置矩形颜色为红色，调整矩形大小。

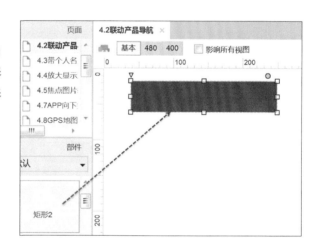

步骤2

复制步骤1中的矩形部件，垂直排列。

设置矩形颜色为浅红色；双击编辑矩形文本为"家用电器"；设置字体颜色为白色。

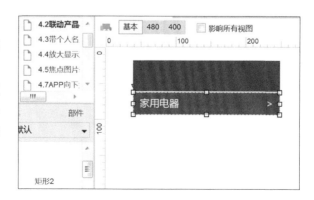

步骤3

重复步骤2，完成15个导航按钮的设置垂直排列。

在检查窗口中分别设置这15个导航按钮的名称。

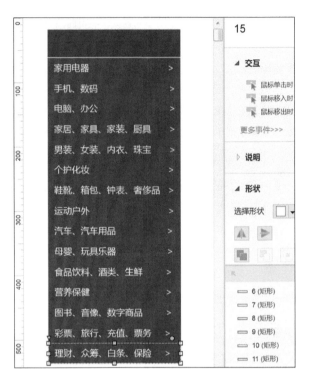

步骤4

全选15个导航按钮，在检查窗口中设置交互样式为选中；

打开设置交互样式窗口，设置字体颜色为红色，填充颜色为白色。

步骤5

从部件窗口中拖曳1个标签部件，制作主导航按钮。双击标签部件，设置文本为"服装城"。用同样的方法完成其他按钮的制作。

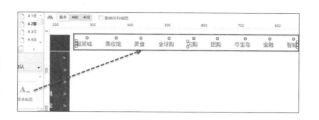

步骤6

从部件窗口中拖曳1个动态面板，双击动态面板，打开动态面板状态管理窗口，添加状态1~状态16，共16个状态。

状态1为默认首界面，状态2~状态16为15个频道二级分类切换界面。

步骤7

双击"状态1"，打开状态1编辑页面；从部件窗口中拖曳1个图片部件，双击图片部件导入图片"4.2A.png"；用同样的方法导入生活服务下的图片"4.2B"。

步骤8

从部件窗口中拖曳1个标签部件，双击编辑文本为"京东快报"。

用同样的方法，制作"生活服务"标题及"公告"标题。

步骤9

重复步骤6和步骤7,制作状态2~状态16; 这里不做详细的界面制作说明,读者可根据需要制作剩下的15个频道面板中的内容。

步骤10

将动态面板设置在最下层,要注意的是,面板大小需超过垂直导航的左侧和底部。

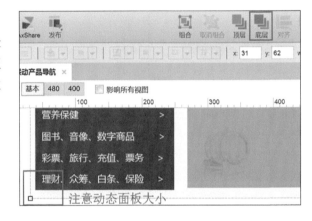

第二部分: 交互设置

步骤11

选中"家用电器"按钮,选择"鼠标移入时"事件,打开用例编辑器。

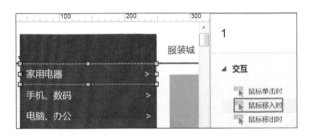

步骤12-1

在用例编辑器中进行如下设置。

动作1:

添加动作: 设置面板状态;

配置动作: 勾选选择要设置状态的动态面板下的"Set (动态面板)";

选择状态: 状态2。

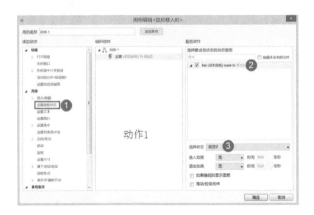

步骤12-2

动作2：

添加动作：选中；

配置动作：勾选选择
要设置选中状态的元件下
的"1"；

设置选中状态为：
"值""true"。

步骤12-3

动作3：

添加动作：选中；

配置动作：勾选选择
要设置选中状态的元件下
的2~15；

设置选中状态为：
"值""false"；

单击"确定"按钮，
关闭用例编辑器。

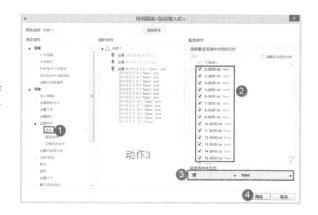

....

小贴士：其他频道按钮的设置请参考步骤11和12的设置。

步骤13

选中"动态面板"，
选择"鼠标移出时"事
件，打开用例编辑器。

步骤14-1

在用例编辑器中进行如下设置。

动作1:

添加动作:设置面板状态;

配置动作:勾选选择要设置状态的动态面板下的"Set(动态面板)";

选择状态:状态1。

步骤14-2

动作2:

添加动作:选中;

配置动作:勾选选择要设置选中状态的元件下的1~15;

设置选中状态为:"值""false";

单击"确定"按钮,关闭用例编辑器。

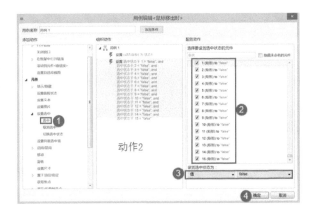

步骤15

生成原型,查看效果。

4.3 带个人名片的导航设计

交互说明

1.单击用户名,显示用户详细资料。

2.用户详细资料能够在切换面板中查看。

3．单击"更多"按钮可查看更多其他频道按钮。

实现原理

这个案例可以帮助读者掌握动态面板的使用方法，3个交互都要用到动态面板，交互1和交互2实现两个动态面板的套用，也就是在动态面板中再添加动态面板的交互效果，虽然两个用例都使用了"切换面板状态"动作，但相同的动作却实现了两种不同的交互效果，并且组合在一起，又形成了组合的交互效果。

交互3学习动态面板的显示、隐藏效果，动态面板隐藏时的交互设置是初学Axure时容易出现错误的地方。

实现步骤

第一部分：原型界面制作

步骤1

从部件窗口中拖曳1个面板部件，双击打开动态面板状态管理窗口，添加2个状态"状态1"和"状态2"。

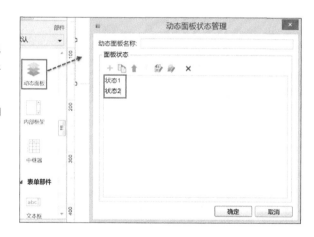

步骤2

单击编辑全部状态，打开2个状态编辑页面，单击"状态1"编辑页面。从部件窗口中拖曳1个矩形2部件，设置矩形的填充色为蓝色。

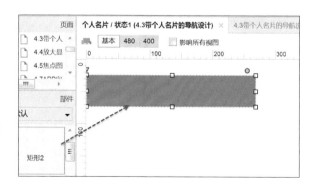

步骤3

　　复制矩形，修改矩形的形状为圆形。同时选中矩形和圆形，在检查窗口样式标签下，选择组合样式：合并，组成一个不规则的背景形状。

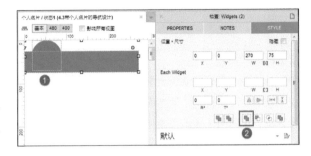

步骤4

　　从部件窗口中拖曳1个图片部件，导入头像图片；拖入矩形部件，选择形状为圆形，设置线条颜色为白色，并将其放置在图片上。

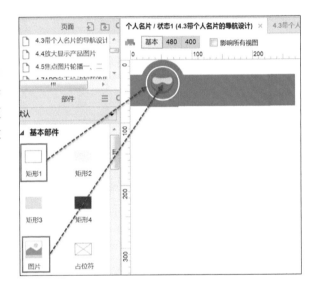

步骤5

　　拖入标签部件，双击标签部件修改图片文本为"用户名"。

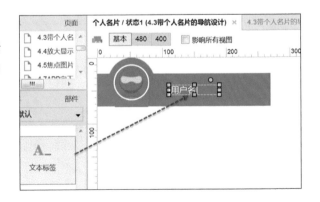

步骤6

　　复制状态1中的所有部件，粘贴到状态2中；修改背景形状的颜色为棕色。

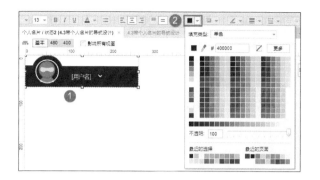

步骤7

　　使用相同的方法，分别拖入图像及标签部件，制作个人名片的详细内容界面。

步骤8

　　拖曳1个动态面板到状态2编辑窗口中，在检查窗口中设置其名称为"内容分类"；

　　双击动态面板，打开动态面板状态管理窗口，添加3个状态，即"状态1""状态2"和"状态3"。

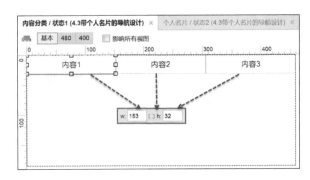

步骤9

打开全部状态编辑页面，在"状态1"中拖入矩形，设置矩形大小（*w*:153，*h*:32），编辑文本为"内容1"。

复制2个副本到编辑页面，分别修改名称为"内容2"和"内容3"。

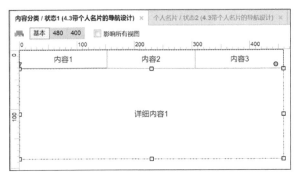

步骤10

拖曳1个矩形1部件到3个按钮的下面，编辑文本为"详细内容"。

第二部分：交互设置

步骤11

选择"内容1"按钮，在检查窗口中双击"鼠标单击时"，打开用例编辑器。

添加动作：设置面板状态；

配置动作：勾选选择要设置状态的动态面板下的"Set内容分类"；

选择状态：状态1；

单击"确定"按钮，关闭用例编辑器。

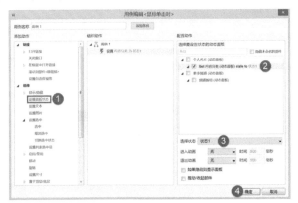

步骤12

复制步骤11设置的用例1，分别粘贴到内容2和内容3按钮的"鼠标单击时"事件中，分别修改内容2和内容3的用例。

内容2的选择状态：状态2；

内容3的选择状态：状态3。

步骤13

复制状态1的所有部件，粘贴到状态2和状态3中，分别修改状态2和状态3的文本为"详细内容2"和"详细内容3"。

步骤14

关闭状态1~状态3，返回到个人名片动态面板的状态1。

选中状态1中的"用户名"，双击"鼠标移入时"事件，打开用例编辑器。

添加动作：设置面板状态；

配置动作：勾选选择要设置状态的动态面板下的"Set个人名片"；

选择状态：状态2；

单击"确定"按钮，关闭用例编辑器。

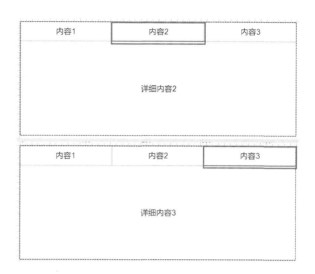

步骤15

返回到原型页面，选择个人名片动态面板，双击"鼠标移出时"事件，打开用例编辑器。

添加动作：设置面板状态；

配置动作：勾选选择要设置状态的动态面板下的"Set个人名片"；

选择状态：状态1；

单击"确定"按钮，关闭用例编辑器。

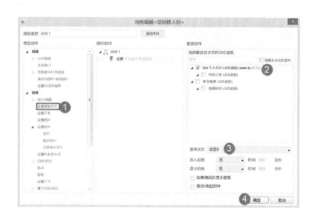

步骤16

拖入矩形1部件，设置矩形的填充色为蓝色；然后将其与个人名片中的蓝色导航背景矩形拼接在一起。

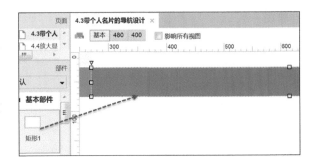

步骤17

拖入图片部件，双击部件导入导航图标，拖曳1个标签部件到图标后，双击标签编辑文本为"频道名"。全选2个部件，复制2个相同的导航按钮。

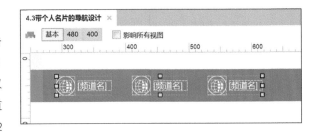

步骤18

全选步骤16和步骤17的部件，复制副本，单击鼠标右键，在快捷菜单中选择"转换为动态面板"。

在检查窗口中设置面板名称为"更多频道"。

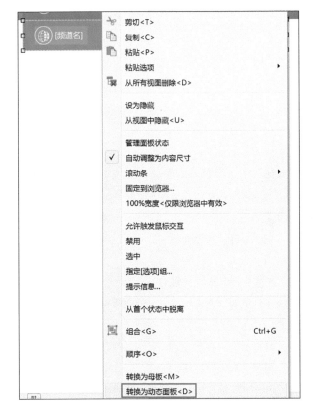

步骤19

往更多频道状态页面中拖入标签，编辑文本"更多"；双击"鼠标移入时"事件，打开用例编辑器。

添加动作：显示；

配置动作：勾选选择要隐藏或显示的部件下的"更多频道"；

可见性：显示；

单击"确定"按钮，关闭用例编辑器。

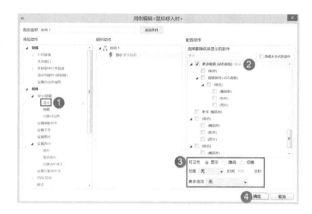

步骤20

选择"更多频道"动态面板，双击"鼠标移出时"事件，打开用例编辑器。

单击"编辑条件"按钮，打开条件生成窗口，将用例条件设置为"部件可见，This、==、值、true"；

添加动作：显示/隐藏；

配置动作：勾选选择要隐藏或显示的部件下的"更多频道"；

可见性：隐藏；

单击"确定"按钮，关闭用例编辑器。

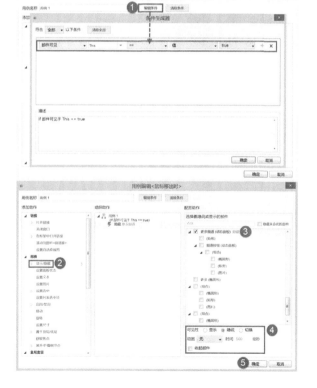

步骤21

生 成 原 型 ， 查 看
效果。

4.4 产品图片放大特效

交互说明

1．鼠标指针移入图片时，鼠标指针所在位置显示的细节图是当前鼠标指针所指部位的细节大图。

2．鼠标移出时显示默认产品图片。

实现原理

放大显示图片的案例中有3个交互重点需要说明。

1．将细节大图放在动态面板中。因为大图的宽高达到了2000×2666，用动态面板控制大图的显示区域，可以得到遮罩的效果。

2．交互中细节图以鼠标位置为基准显示，获取鼠标位置用到了两个函数：[[Cursor.x]]和[[Cursor.y]]。[[Cursor.x]]为动态获取鼠标x轴位置；[[Cursor.y]]为动态获取鼠标y轴位置。

3．在设置大图移动位置时，用到了两个移动位置的公式：[[Cursor.x*3]]和[[Cursor.y*3]]。下图所示的产品小图与产品大图的宽高比为1∶3，因此鼠标指针移动到产品小图的（x:10，y:10）位置时，对应的大图移动显示位置应为（x:30，y:30）。

实现步骤

第一部分：原型界面制作

步骤1

在Axure中打开1个新页面。

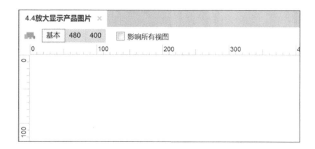

步骤2

从部件窗口中拖曳1个图片部件，双击部件导入"4.4A.jpg"图片。

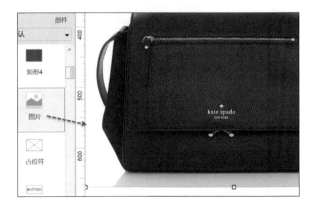

步骤3

从部件窗口中拖曳1个动态面板，双击部件打开动态面板状态管理窗口，双击"State1"打开状态1编辑页面。

步骤4

从部件窗口中拖曳1个图片部件，双击图片部件导入"4.4B.jpg"图片，设置图片名称为"放大图"。

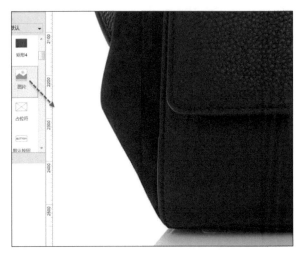

步骤5

返回制作界面，将动态面板覆盖在图片4.4A.jpg上并将其设置成与图片相同大小（*x*:0，*y*:0，*w*:500，*h*:666），在检查窗口中设置动态面板的名称为"放大图"；单击鼠标右键，在快捷菜单中选择"设为隐藏"。

步骤6

从部件窗口中拖曳1个图像热区，覆盖在动态面板上并调整其大小与动态面板一致（*x*:0，*y*:0，*w*:500，*h*:666）。

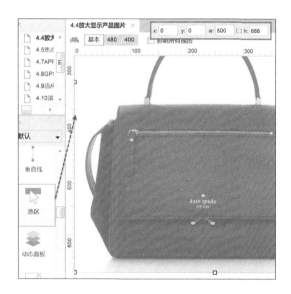

第二部分：交互设置
步骤7

选中图像热区，双击"鼠标移动时"事件，打开用例编辑器。

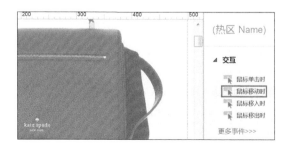

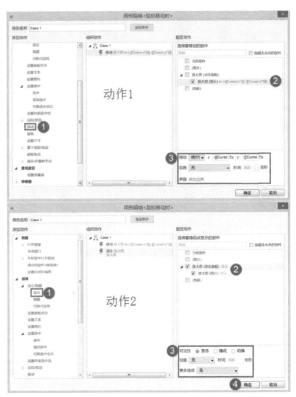

步骤8

编辑用例

动作1：

添加动作：移动；

配置动作：勾选选择要移动的部件下的"放大图（图片）"；

移动：绝对位置（ x:-[[Cursor.x*3]]， y:-[[Cursor.y*3]]）。

动作2：

添加动作：显示；

配置动作：勾选选择要隐藏或显示的部件下的"放大图（动态面板）"和"放大图（图片）"；

可见性：显示；

单击"确定"按钮，关闭用例编辑器。

步骤9

选中图像热区，双击"鼠标移出时"事件，打开用例编辑器。

步骤10

编辑用例

添加动作：隐藏；

配置动作：勾选选择要隐藏或显示的部件下的"放大图（动态面板）"和"放大图（图片）"；

可见性：隐藏；

单击"确定"按钮，关闭用例编辑器。

步骤11

生成原型，查看效果。

小提示：在步骤8中，放大图（图片）应跟随鼠标，显示当前鼠标指针所在位置的放大图片，所以需要通过动态获得鼠标位置，计算放大图的移动位置。另外，放大图移动时是向x和y的负坐标移动，因此在表达式中需要添加负号。

4.5 焦点图循环播放一（标注/手动/自动/多屏多图）

交互说明

页面载入后，自动切换显示5张焦点图，小图标处以横线作为当前焦点图的提示。

实现原理

设置焦点图自动轮播交互时，首先要在页面打开时（页面载入时事件）设置动态面板状态切换，将焦点图切换到下一张。第二步要在动态面板的"状态改变时"事件中设置当前动态面板从开始到结束循环切换下一个状态。

实现步骤

第一部分：制作焦点大图面板

步骤1

从部件窗口中拖曳1个动态面板部件，设置面板名称为"内容"。双击动态面板，打开动态面板状态管理窗口，添加5个状态，即状态1~状态5。

步骤2

单击编辑全部状态，打开所有状态编辑页面。进入状态1编辑页面，从部件窗口中拖曳1个图片部件，双击导入"4.5A.jpg"，设置名称为"1-1"。

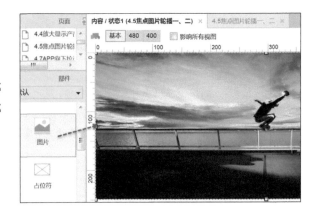

步骤3

从部件窗口中拖曳1个矩形1部件，双击矩形编辑文本为"标题1 内容介绍查看更多》"；

填充颜色，设置不透明度为40%，设置名称为"标题1-1"。

步骤4

选择步骤3中的矩形部件，在设置交互样式中单击"选中"按钮，勾选"不透明（％）"，设置不透明度为89%。

步骤5

复制状态1中的所有部件，粘贴到状态2~状态5中；

分别导入图片"4.5B.jpg""4.5C.jpg""4.5D.jpg""4.5E.jpg"；

修改图片名称为"2-1""3-1""4-1""5-1"；

修改标题文本为"标题2""标题3""标题4""标题5"；

修改标题名称为"标题2-2""标题3-2""标题4-2""标题5-2"。

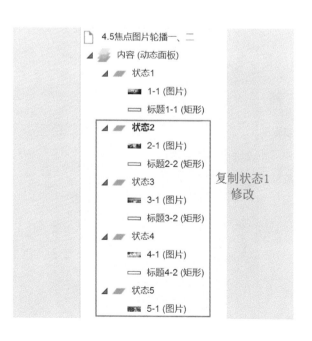

第二部分：制作小图按钮

步骤6

返回焦点图片轮播主页面，从部件窗口拖拽1个矩形2部件，设置矩形长宽（*w*:20，*h*:100）。

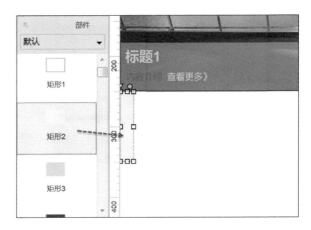

步骤7

拖入1个水平线，在检查窗口样式标签中设置倾斜为45º。复制水平线，修改倾斜为-45º；

修改水平线线宽，组合成向左的箭头，放置到步骤5的矩形上。

步骤8

全选步骤6和步骤7的部件，单击鼠标右键，在快捷菜单中选择"组合"；在检查窗口中设置名称为"左"。

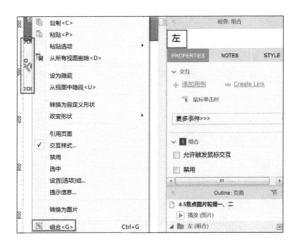

步骤9

复制组合"左",放置
到矩形的右边,设置名称为
"右"。修改箭头朝向。

步骤10

从部件窗口中拖曳1个图片部件,双击图片部件导入"4.5A.jpg",设置大小为
(w:112, h:50);

单击鼠标右键,在快捷
菜单中选择"编辑文本";

编辑图片文本为"1",
设置名称为"小图1"。

步骤11

从部件窗口中拖曳1
个矩形2部件,双击修改
文本为"新闻标题1",
设置名称为"标题1";

全选步骤9和步骤10
的部件,单击鼠标右键,在
快捷菜单中选择"组合"。

步骤12

复制4个步骤10中的
组合副本,分别修改图片
文本为"2""3""4""5";
矩形文本为"新闻标题
2""新闻标题3""新闻
标题4""新闻标题5";图
片名称为"小图2""小图
3""小图4""小图5";

标题名称为"标
题2""标题3""标题
4""标题5"。

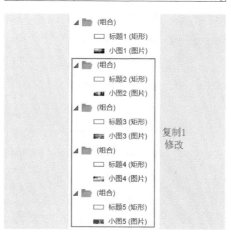

第三部分: 其他元素制作

步骤13

从部件窗口中拖曳1条水平线，设置水平线宽，线条颜色为蓝色；在检查窗口中设置名称为"指示"。

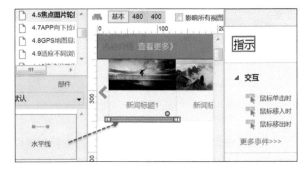

步骤14

从部件窗口中拖曳1个标签部件，双击标签部件设置名称为"1-5共15"，设置名称为"页码"。

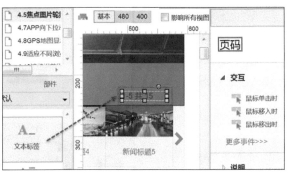

步骤15

从部件窗口中拖曳1个图片部件，双击图片部件导入"4.5F.png"；

在检查窗口中设置选中样式，打开"设置交互样式"窗口，单击"选中"按钮，勾选"图片"，导入选中样式图片"4.5G.png"。

步骤16

选中步骤15中的图片，在检查窗口中设置名称为"播放"。

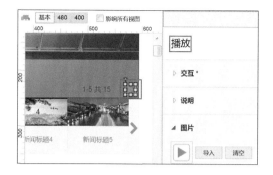

第四部分：交互—设置

步骤17

单击原型界面，从检查窗口切换到页面设置，双击"页面载入时"事件，打开用例编辑器。

步骤18

编辑用例

动作1：

添加动作：等待；

配置动作：等待时间2000毫秒。

动作2：

添加动作：设置面板状态；

配置动作：勾选选择要设置状态的动态面板下的"Set内容（动态面板）"；

选择状态为"Next"，勾选"向后循环"和"循环间隔5000毫秒"。进入动画：向左滑动，时间：500毫秒；退出动画：向左滑动，时间：500毫秒。单击"确定"按钮，关闭用例编辑器。

步骤19

选中"内容"面板，双击"状态改变时"事件，打开用例编辑器。

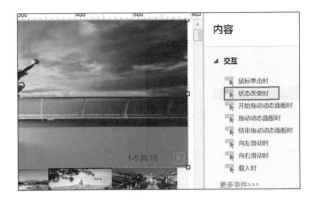

步骤20

编辑用例1

单击"编辑条件"，按钮，打开条件生成器窗口，将用例条件设置为"面板状态、This、==、状态、状态1"；

添加动作：移动；

配置动作:勾选选择要移动的部件下的"指示"；

移动：绝对位置（x:19，y:342）；

单击"确定"按钮，关闭用例编辑器。

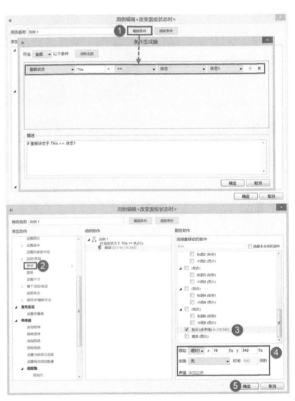

步骤21

编辑用例2~用例5

在状态改变时事件中复制4个步骤1中的用例1，分别为用例2、用例3、用例4和用例5，然后修改用例2~用例5的用例条件：

用例2：当前选中面板状态等于状态2；

用例3：当前选中面板状态等于状态3；

用例4：当前选中面板状态等于状态4；

用例5：当前选中面板状态等于状态5。

配置动作：

用例2：指示的移动：绝对位置（x:131，y:342）；

用例3：指示的移动：绝对位置（x:242，y:342）；

用例4：指示的移动：绝对位置（x:352，y:342）；

用例5：指示的移动：绝对位置（x:464，y:342）。

步骤22

生成原型，查看效果。

4.6 焦点图循环播放二(标注/手动/自动/多屏多图)

交互说明

1．鼠标指针移入焦点大图，新闻标题显示选中状态，停止焦点图轮播。鼠标指针移出焦点大图，新闻标题恢复正常状态，继续焦点图轮播。

2．鼠标指针移入焦点小图，焦点大图显示的是鼠标指针停留处的焦点小图，横线移动到鼠标指针停留的焦点小图上。鼠标指针移出焦点小图，继续焦点图轮播。

3．单击"左""右"按钮，切换上一屏、下一屏焦点小图，"页面标签"显示当前5张焦点小图页码。

4．单击"播放/暂停"按钮，暂停或重新播放焦点图轮播。

实现原理

焦点图片轮播案例，主要使用动态面板的设置面板状态动作，设置指定状态和动态的下一个、上一个状态。在焦点图片轮播交互中，鼠标指针移入切换指定图片并停止播放时，使用设置面板状态动作的指定状态设置；鼠标指针移出继续开始自动轮播时，使用设置面板状态动作的下一个、上一个状态设置。

实现步骤

第五部分：交互二设置

步骤1

双击内容动态面板，打开5个状态的编辑页面，切换到状态1编辑页面。

步骤2

选中状态1中的图片，双击"鼠标移入时"事件，打开用例编辑器。

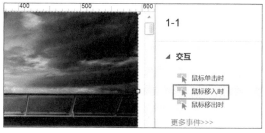

步骤3

编辑用例1

动作1：

添加动作：选中；

配置动作：勾选选择要设置选中状态的部件下的"标题1-1"；

设置选中状态为："值""true"。

动作2：

添加动作：设置面板状态；

配置动作：勾选选择要设置状态的动态面板下的"Set内容（动态面板）"；

选择状态：状态1；

单击"确定"按钮，关闭窗口。

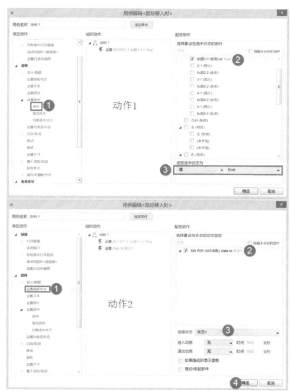

步骤4

继续选中状态1中的图片1-1，双击"鼠标移出时"事件，打开用例编辑器。

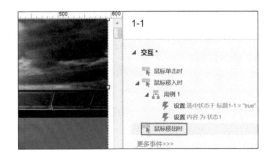

步骤5

编辑用例1

动作1：

添加动作：设置面板状态；

配置动作：勾选选择要设置选中状态的部件下的"标题1-1"；

设置选中状态为："值""false"。

动作2：

添加动作：等待；

配置动作：等待时间2000毫秒。

动作3：

添加动作：设置面板状态；

配置动作：勾选选择要设置状态的动态面板下的"Set内容（动态面板）"；

选择状态为"Next"，勾选"向后循环"和"循环间隔5000毫秒"；

单击"确定"按钮，关闭窗口。

170

第六部分：交互三设置

步骤6

返回原型界面，选中"新闻标题1"。双击"鼠标移入时"事件，打开用例编辑器。

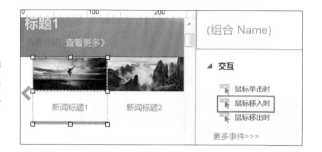

步骤7

编辑用例1

添加动作：设置面板状态；

配置动作：勾选选择要设置状态的动态面板下的"Set内容（动态面板）"；

选择状态：状态1；

单击"确定"按钮，关闭窗口。

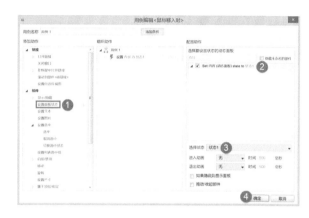

步骤8

继续选中"新闻标题1"。双击"鼠标移出时"事件，打开用例编辑器。

步骤9

编辑用例1

动作1：

添加动作：等待；

配置动作：等待时间2000毫秒。

动作2：

添加动作：设置面板状态；

配置动作：勾选选择要设置状态的动态面板下的"Set内容（动态面板）"；

选择状态为"Next"，勾选"向后循环"和"循环间隔5000毫秒"。进入动画：向左滑动，时间：500毫秒；退出动画：向左滑动，时间：500毫秒。

单击"确定"按钮，关闭窗口。

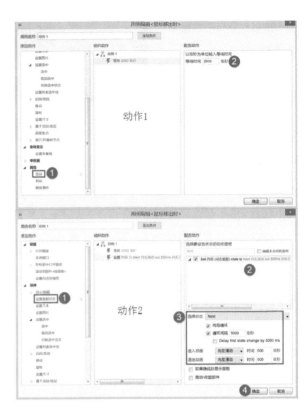

步骤10

复制新闻标题1的"鼠标移入时"事件用例，粘贴到新闻标题2、新闻标题3、新闻标题4、新闻标题5，然后分别修改用例。

配置动作：

新闻标题2：设置"内容（动态面板）"状态为状态2；

新闻标题3：设置"内容（动态面板）"状态为状态3；

新闻标题4：设置"内容（动态面板）"状态为状态4；

新闻标题5：设置"内容（动态面板）"状态为状态5。

步骤11

复制新闻标题1的"鼠标移出时"事件用例,粘贴到新闻标题2、新闻标题3、新闻标题4、新闻标题5。

第七部分:交互四设置

步骤12

选择"左"按钮,在设置交互样式窗口中单击"鼠标悬停"按钮,勾选"填充颜色",设置填充色为浅灰色。

步骤13

对"右"按钮,进行相同的鼠标悬停样式设置。

步骤14

　　选中"左"按钮，双击"鼠标单击时"事件，打开用例编辑器。

步骤15

　　在用例编辑器中，编辑用例1。单击"编辑条件"按钮，打开条件生成器，设置用例1的用例条件为"部件文字、小图1、==、值、11"。

　　动作1：

　　添加动作：设置文本；

　　配置动作：勾选选择要设置文本的部件下的图1~图5和标题1~标题5；分别设置小图1~小图5的值为6~10；标题1~标题5的值为新闻标题6~新闻标题10。

　　动作2：

　　添加动作：设置文本；

　　配置动作：勾选选择要设置文本的部件下的"页码"；

　　设置文本为："值" "6-10共15"。

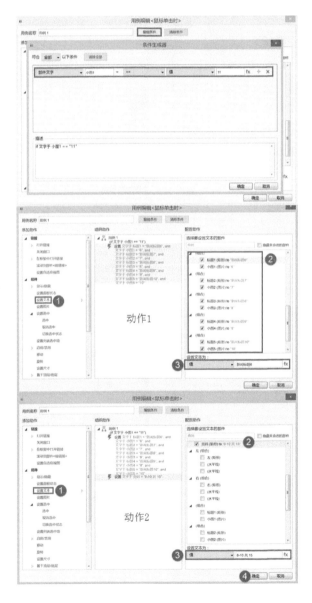

步骤16

继续选中"左"按钮，在"鼠标单击时"事件中复制2个用例1的副本"用例2"和"用例3"。

步骤17

在用例编辑器中，修改设置用例2。

单击"编辑条件"按钮，打开条件生成器，设置用例条件为"部件文字、小图1、==、值、6"。

动作1：

添加动作：设置文本；

配置动作：勾选选择要设置文本的部件下的小图1~小图5和标题1~标题5；分别设置小图1~小图5的值为1~5；标题1~标题5的值为新闻标题1~新闻标题5。

动作2：

添加动作：设置文本；

配置动作：勾选选择要设置文本的部件下的"页码"；

设置文本为："值""1-5 共 15"。

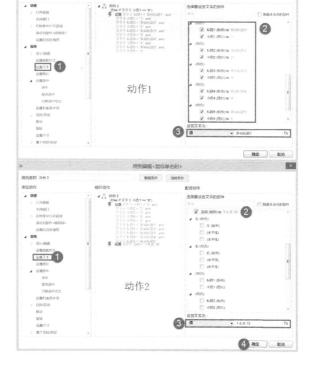

步骤18

在用例编辑器中,修改设置用例3。

单击"编辑条件"按钮,打开条件生成器,设置用例条件为"部件文字、小图1、==、值、1"。

动作1:

添加动作:设置文本;

配置动作:勾选选择要设置文本的部件下的小图1~小图5和标题1~标题5;分别设置小图1~小图5的值为11~15;标题1~标题5的值为新闻标题11~新闻标题15。

动作2:

添加动作:设置文本;

配置动作:勾选选择要设置文本的部件下的"页码";

设置文本为:"值""11-15 共 15"。

步骤19-1

复制"左"按钮,将鼠标单击时事件的所有用例粘贴到"右"按钮,分别修改"右"按钮的用例。

编辑用例1

用例条件为"部件文字、小图1、==、值、1";

配置动作:

小图1值为:6、小图2值为:7、小图3值为:8、小图4值为:9、小图5值为:10;

标题1值为:新闻标题6、标题2值为:新闻标题7、标题3值为:新闻标题8、标题4值为:新闻标题9、标题5值为:新闻标题10;

页码值为:6-10共15。

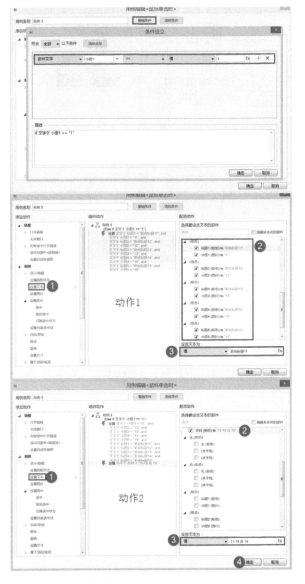

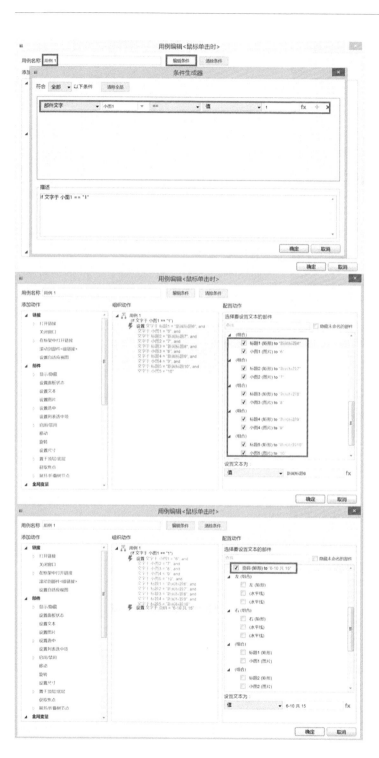

步骤19-2

编辑用例2

用例条件为"部件文字、小图1、==、值、6";

配置动作:

小图1值为:11、小图2值为:12、小图3值为:13、小图4值为:14、小图5值为:15;

标题1值为:新闻标题11、标题2值为:新闻标题12、标题3值为:新闻标题13、标题4值为:新闻标题14、标题5值为:新闻标题15;

页码值为:11-15共15。

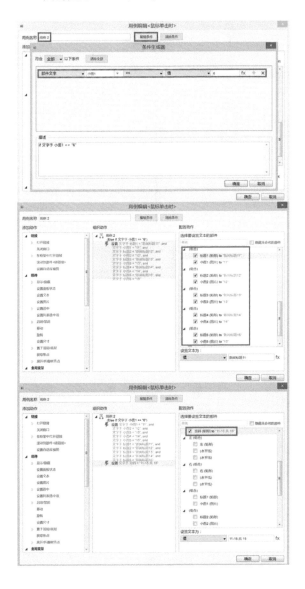

步骤19-3

用例3：

用例条件为"部件文字、小图1、==、值、11"；

配置动作：

小图1值为：1、小图2值为：2、小图3值为：3、小图4值为：4、小图5值为：5；

标题1值为：新闻标题1、标题2值为：新闻标题2、标题3值为：新闻标题3、标题4值为：新闻标题4、标题5值为：新闻标题5；

页码值为：1-5共15。

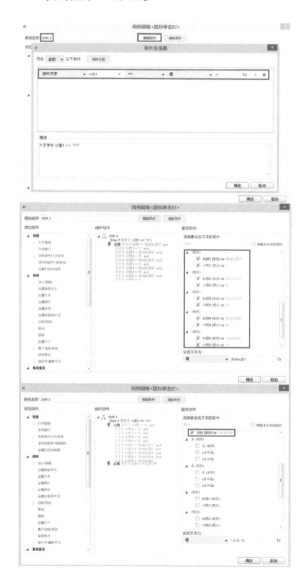

第八部分：交互五设置

步骤20

选中"播放"按钮，双击"鼠标单击时"事件，打开用例编辑器。

步骤21

编辑用例1

单击"编辑条件"按钮，打开条件生成器，设置用例条件为"选中状态、播放、==、值、true"；

动作1：

添加动作：选中；

配置动作：勾选选择要设置选中状态的部件下的"播放（图片）"；

设置选中状态为："值""false"。

动作2：

添加动作：设置面板状态；

配置动作：勾选选择要设置状态的动态面板下的"Set内容（动态面板）"；

选择状态为"Next"，勾选"向后循环"和"循环间隔5000毫秒"。进入动画：向左滑动，时间：500毫秒；退出动画：向左滑动，时间：500毫秒。

单击"确定"按钮，关闭窗口。

步骤22

生成原型，查看效果。

4.7 移动端下拉加载图片进度条延时动效

交互说明

1．向下拖动APP首页内容时，显示加载条。

2．结束首页内容的拖动时，加载条回到初始位置，提示文本显示初始内容。

实现原理

1．设置APP内容（动态面板）垂直拖动，并设置内容面板到达一定位置时，显示加载完成的信息提示。注意，设置内容可以拖动的范围：内容部件垂直距离80~180。

2．设置APP内容（动态面板）垂直拖动时，移动加载条到指定位置。

3．设置拖动结束时，移动加载条到初始位置，信息提示恢复默认文本。

实现步骤

第一部分：制作加载元素

步骤1

从部件窗口中拖曳1个图片部件，双击导入"4.7A.png"。

选中图片，单击鼠标右键选择"分割图片"，在图片中的出口处垂直将图片切为两张。

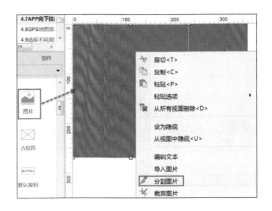

步骤2

从部件窗口中拖曳1个标签部件，双击编辑标签部件文本为"客官稍等"，设置标签名称为"已完成按钮"。

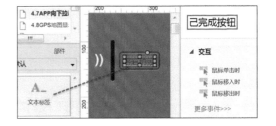

步骤3

从部件窗口中拖曳1个矩形2部件，自定义形状为Left Arrow Button。设置形状的填充色为浅灰色；双击编辑文本为"图片加载中…"。

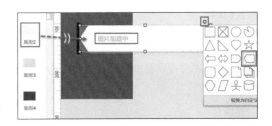

步骤4

从部件窗口中拖曳1个矩形2部件，调整大小（*w*:5，*h*:10）；设置形状的颜色为蓝色；设置倾斜度为15°。

复制一个副本，设置形状的颜色为红色；将2个部件水平排列。

步骤5

复制多个步骤3中的2个矩形，蓝、红颜色间隔，水平排列。全选所有部件，单击鼠标右键，在快捷菜单中选择"转换为图片"。

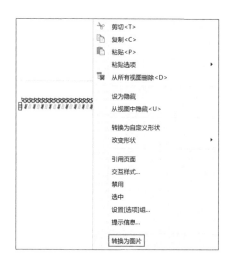

步骤6

选中转换的图片，单击鼠标右键，在快捷菜单中选择"分割图片"，水平切割出高度约为9的图片，放置在步骤3的矩形上。

步骤7

选择步骤3~6的所有部件，单击鼠标右键，在快捷菜单中选择"组合"；对齐组合部件，在步骤1中分割图片的入口处（x:238, y:104）；选择菜单栏中的底层，将组合置于底层。设置组合名称为"加载条"。

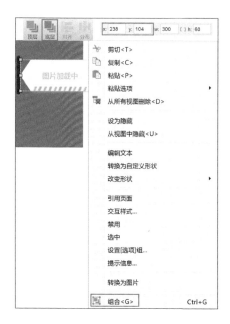

第二部分：制作主要内容部件

步骤8

  从部件窗口中拖曳1个矩形2部件，设置矩形2的填充颜色为红色，调整矩形宽度为360。

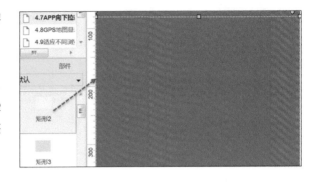

步骤9

  将矩形2部件拖曳到步骤8的矩形上面，调整矩形大小，设置填充颜色为白色。

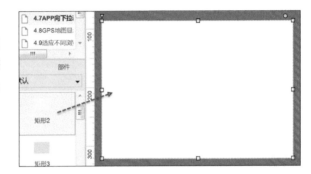

步骤10

  将图片部件拖曳到步骤9的矩形上面，双击导入图片"4.7B.png"。调整图片位置。

步骤11

  将标签部件拖曳到图片部件下面，双击标签部件修改文本为图片的名字，如秋夜思语。

步骤12

　　选择步骤9~11中的部件，复制2个副本垂直排列。分别导入图片"4.7C.jpg""4.7D.jpg"。修改图片名称。

步骤13

　　选择步骤8~12的部件，单击鼠标右键，在快捷菜单中选择"转换为动态面板"。设置面板名称为"内容面板"；动态面板大小（w:378，h:520）。

步骤14

从部件窗口中拖曳1个矩形2部件，设置填充色为黑色；调整矩形大小，放置在页面底部。

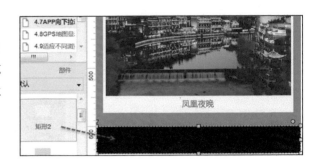

第三部分：交互设置
步骤15

选择内容面板，双击"拖动动态面板时"事件，打开用例编辑器，编辑用例1。

单击"编辑条件"按钮，打开条件生成器窗口，设置用例条件为"值、[[This.y]]、>=、值、80"，并且"值、[[This.y]]、<=、值、180"；

添加动作：移动；

配置动作：勾选选择要移动的部件下的"当前部件"；

移动：垂直拖动；

单击"确定"按钮，关闭窗口。

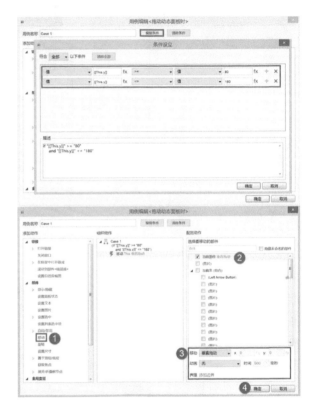

步骤16

继续选择内容面板，双击"拖动时"事件，打开用例编辑器，编辑用例2。

单击"编辑条件"按钮，打开条件生成器窗口，设置用例条件为"值、[[This.y]]、>=、值、180"。

动作1:

添加动作: 设置文本;

配置动作: 勾选选择要设置文本的部件下的"（Left Arrow Button）";

设置文本为:"值""加载完成"。

动作2:

添加动作: 设置面板状态;

配置动作: 勾选选择要设置选中状态的部件"已完成按钮";

设置选中状态为:"值""true"。

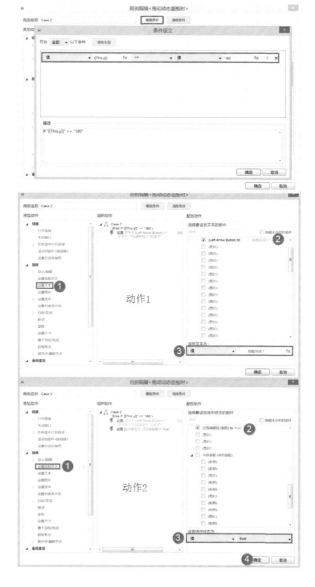

步骤17

继续选择内容面板，双击"移动时"事件，打开用例编辑器，编辑用例。

单击"编辑条件"按钮，打开条件生成器窗口，设置用例条件为"值、[[This.y]]、> =、值、100"，并且"值、[[This.y]]、<=、值、180"。

添加动作: 移动;

配置动作: 勾选选择要移动的部件下的"加载条"。

移动：绝对位置（ x:
[[238-(This.y-100)*2.8]]，
y:104）。

单击"确定"按钮，
关闭窗口。

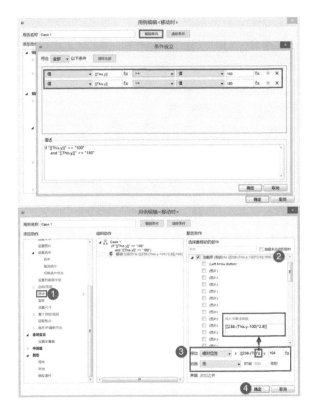

步骤18-1

继续选择内容面板，双
击"结束拖动动态面板时"
事件，打开用例编辑器。

单击"编辑条件"
按钮，打开条件生成器
窗口，设置用例条件
为"值、[[This.y]]、>、
78"，并且"值、[[This.
y]]、<、值、190"。

步骤18-2

动作1：

添加动作：移动；

配置动作：勾选选择
要移动的部件下的"当前
部件"和"加载条"；

当前部件移动：绝
对位置（x:0，y:80），
加载条移动：绝对位置
（x:238，y:104）。

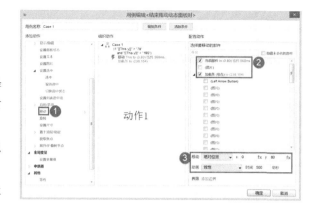

步骤18-3

动作2：

添加动作：等待；

配置动作：等待时间
500 毫秒。

步骤18-4

动作3：

添加动作: 设置文本；

配置动作：勾选
选择要设置文本的部
件下的"（Left Arrow
Button）"；

Left Arrow Button设置
文本为"富文本""编辑
文本..."。

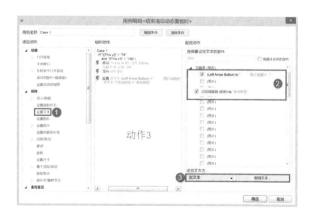

步骤18-5

动作4：

添加动作：选中；

配置动作：勾选选择
要设置选中状态的部件下
的"已完成按钮"；

设置选中状态为：
"值""false"；

单击"确定"按钮，关
闭窗口。

步骤19

生成原型，查看效果。

4.8 GPS地图定位

交互说明

1．页面打开后，显示正在获取位置的提示并显示周边搜索到的的士标识。

2．获取当前位置并显示当前位置地址。显示搜索到的所有的士标识。

3．图片放大，在放大的地图中定位当前位置。

实现原理

地图显示定位案例模仿了地图定位的过程，在交互1和交互2中用到了动态面板的状态切换，如获取位置的提示内容，就是在2个动态面板的状态间进行切换的。而搜索的士并显示标识，用到了"显示/隐藏"动作，分组进行显示。

全部过程是由多个动作组成的，所以中间使用了等待动作，人为拉长时间，制造定位的延时效果。

最后的地图放大效果用到了动态面板的背景图属性，同时使用移动和设置尺寸2个动作，达到地图放大定位的交互效果。

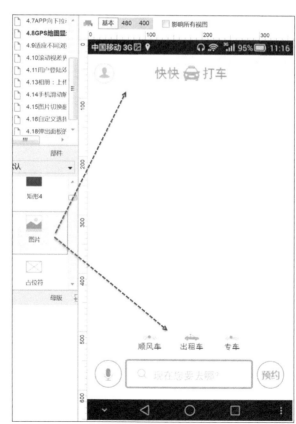

实现步骤

第一部分：原型界面制作
步骤1

从部件窗口中拖曳1个图片部件，双击图片部件导入"4.8C.png"。

复制图片，再导入"4.8B.png"；将两张图片放置到合适的位置。

步骤2

　　从部件窗口中拖曳1个动态面板，设置动态面板大小为（*w*:360，*h*:401），双击动态面板，打开状态1编辑页面。

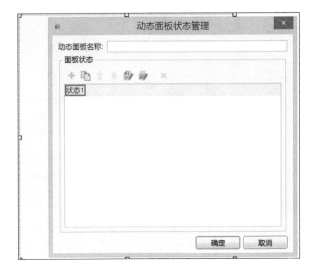

步骤3

　　从部件窗口中拖曳1个动态面板到状态1编辑窗口中，设置面板名称为"遮罩"；设置面板大小为（*w*:450，*h*:510）。

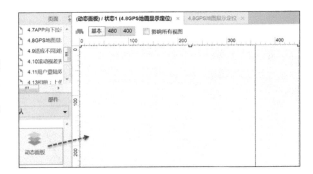

步骤4

　　双击遮罩面板，打开状态1编辑页面，在背景图片中，导入图片"4.8D.png"。

步骤5

返回到最外层的动态面板状态1编辑页面中，从部件窗口中拖曳1个矩形2部件，设置矩形背景色为白色，不透明度为50%；

单击鼠标右键，在快捷菜单中选择"设为隐藏"，设置名称为"灰度"。

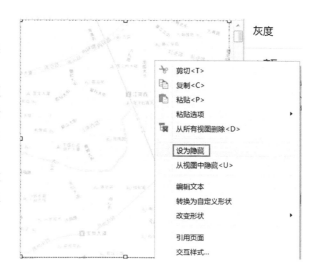

步骤6

返回到原型页面，再拖入1个动态面板，设置名称为"地址图标"。双击"动态面板"打开动态面板状态管理窗口，添加"状态1"和"状态2"，打开全部编辑状态。

步骤7

进入状态1编辑页面，从部件窗口中拖入矩形1部件，设置矩形1的背景色为白色；自定义形状；修改矩形文本为"地址获取中…"。

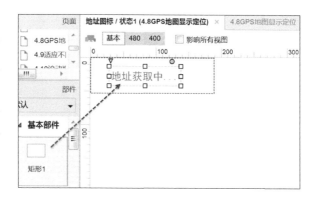

步骤8

复制状态1部件粘贴到状态2中，修改文本为"我从靓家居昌岗店上车昌岗东路271（地铁二号线晓港站）"，返回到编辑页面，选择地址图标，单击鼠标右键，在快捷菜单中选择"设为隐藏"。

步骤9

从部件窗口中拖入图片部件，双击导入"4.8A.png"，复制多个车辆图标，全选，单击鼠标右键，在快捷菜单中选择"组合"，设置组合名称为"1"。

步骤10

复制组合1，设置名称为"2"；将组合1和组合2放置到地图的合适位置。单击鼠标右键，在快捷菜单中选择"设为隐藏"。

第二部分：交互设置

步骤11-1

单击页面，在检查窗口中双击"页面载入时"，打开用例编辑器。

动作1：

添加动作：等待；

配置动作：等待时间1000毫秒。

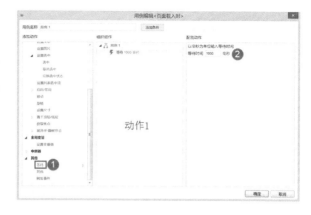

步骤11-2

动作2：

添加动作：显示；

配置动作：勾选选择要隐藏或显示的部件下的"地址图标"；

可见性：显示。

步骤11-3

动作3：

添加动作：显示；

配置动作：勾选选择要隐藏或显示的部件下的"1"。

可见性：显示，动画：逐渐，时间：500毫秒。

步骤11-4

动作4：

添加动作：等待；

配置动作：等待时间
1000毫秒。

步骤11-5

动作5：

添加动作：设置面板
状态；

配置动作：勾选选择
要设置状态的动态面板下
的"Set地址图标"。

选择状态为"状态
2"，勾选"如果隐藏则
显示面板"。

步骤11-6

动作6：

添加动作：显示；

配置动作：勾选选择
要隐藏或显示的部件下的
"2"；

可见性：显示，动画：
逐渐，时间：500毫秒。

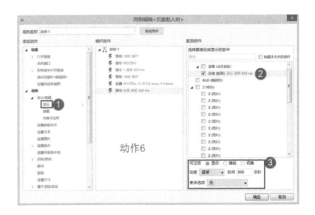

步骤11-7

　　动作7：

　　添加动作：显示；

　　配置动作：勾选选择
要隐藏或显示的部件下的
"2"；

　　可见性：显示；动画：
逐渐，时间：500毫秒。

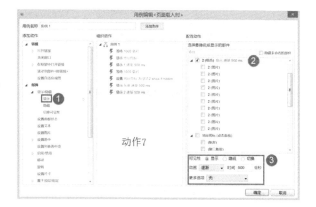

步骤11-8

　　动作8：

　　添加动作：等待；

　　配置动作：勾选选
择要移动的部件下的"遮
罩"；

　　移动：绝对定位（x:
-90，y:-110），动画：线
性，时间：200毫秒。

步骤11-9

　　动作9：

　　添加动作：设置面板状态；

　　配置动作：勾选选
择要调整尺寸的部件下的
"遮罩"；

　　宽：1024，高：744，锚
点：左上角，动画：线性，时
间：800毫秒；

　　单击"确定"按钮，
关闭窗口。

步骤12

生成原型，查看效果。

4.9 自适应页面设计

交互说明

1. 在不同尺寸的浏览器中，显示针对其尺寸设计的界面。

2. 页面中引用宣传视频。

实现原理

自适应视图的应用，以移动APP界面设计为例，创建宽度为400、480的2个自适应视图，调整原型界面到视图边界线内。另外，在页面中还需要使用内部框架引入视频宣传文件。

实现步骤

步骤1

从部件窗口中拖曳1个拖动态面板到新建页面中，设置动态面板宽为380；双击动态面板，打开状态1，背景图片导入"4.9A.jpg"。

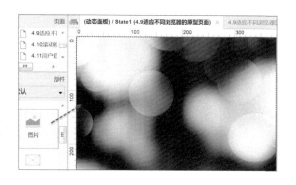

步骤2

返回页面，从部件窗口中拖曳1个矩形2部件，设置矩形填充色为白色；调整大小作为页面背景。

步骤3

分别从部件窗口中拖入标签部件，制作内容标题及副标题。双击标签部件修改标题名称。

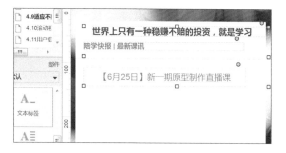

步骤4

从部件窗口中拖曳1个图片部件，双击导入图标及宣传图片，这里可以根据需要导入合适的图片。

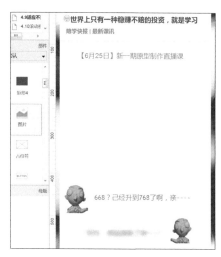

步骤5

从部件窗口中拖曳1个内部框架，调整框架大小，放置在页面中间。在检查窗口中勾选"隐藏边框"。单击框架目标页面，打开链接属性窗口，勾选链接到URL，设置超链接，可以从视频网站中选择。

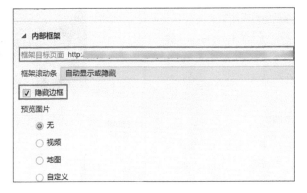

步骤6

生成原型，查看效果，现在页面已经制作完成了。

步骤7

单击线框图编辑窗口左上角的"自适应视图管理",打开自适应视图窗口。

步骤8

单击"添加"按钮,增加宽度为480的视图1个,条件为小于等于,继承于为"基本"。

步骤9

继续单击"添加"按钮,增加宽度为400的视图1个,条件为小于等于,继承于为"手机横向(480×任何以下)",单击"确定"按钮,关闭窗口。

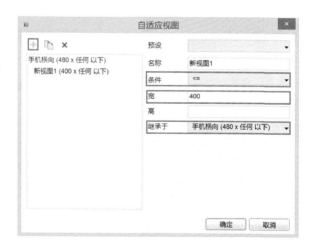

步骤10

线框图编辑窗口左上角,出现了3个自适应视图切换按钮,刚才编辑的页面在基本、480、400视图中已自动添加。

步骤11

480自适应界面的页面用的就是360的宽度，不再做修改。切换到400自适应界面，全选所有的部件，等比例缩小部件至内容宽度为320，调整字号过大的部件文本。

步骤12

生成原型，拖动浏览器宽度，查看自适应视图的切换效果。

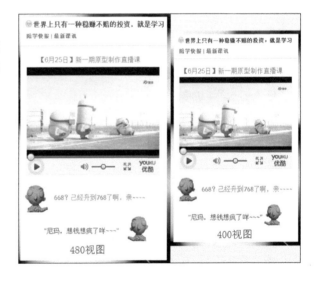

4.10 滚动视差界面设计

交互说明

1．滚动页面时场景1元素向上滚动，显示场景1背景图片。

2．继续向上滚动场景2的图片到满屏，场景1背景图片被逐渐替换。

3．当场景2图片向上滚动到有部分图像移出当前屏幕时，背景图片切换为场景3的图片，直到场景3元素滚动到场景3背景图片中。

实现原理

两个动态面板叠在一起，下面的动态面板为"背景"动态面板，上面的动态面板为"场景"面板。在背景面板的两个状态中分别放入两张背景图。场景面板垂直做三屏，分别放置场景图片，如下图所示。

在场景面板滚动时事件中，设置切换场景状态。场景面板的滚动距离大于一屏的高度时，切换到状态2；小于一屏的高度时，切换到状态1。

实现步骤

第一部分：原型界面制作

步骤1

　　从部件窗口中拖入1个动态面板，设置动态面板大小为（w:1280，h:800）；在检查窗口中设置面板名称为"背景"。

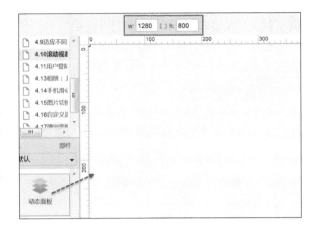

步骤2

　　双击背景动态面板，打开动态面板状态管理窗口，添加2个状态"状态1"和"状态2"。

步骤3

　　打开2个状态的编辑页面，切换到状态1编辑页面，从部件窗口中拖入1个图片部件，双击导入图片"4.10C.jpg"。

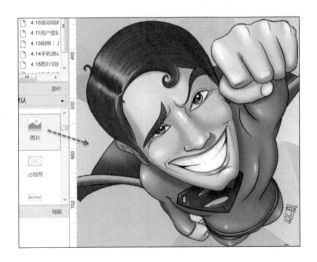

步骤4

切换到状态2编辑页面，从部件窗口中拖入1个图片部件，双击导入图片"4.10A.jpg"。

步骤5

从部件窗口中再拖入1个动态面板，设置动态面板大小为（*w*:1280，*h*:800）；在检查窗口中设置面板名称为"场景1"。

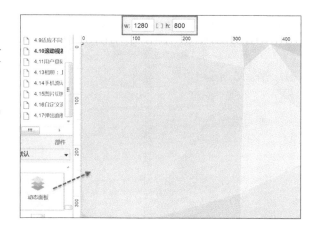

步骤6

双击场景1，打开状态1编辑页面，从部件窗口中拖入图片部件，在第一屏位置导入图片"4.10D.jpg"。

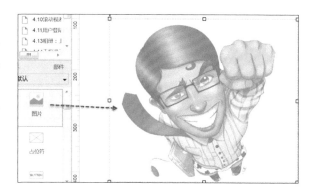

步骤7

　　从部件窗口中拖入图片部件，在第二屏位置导入图片"4.10B.jpg"。图片位置为（*x*:0，*y*:800）。

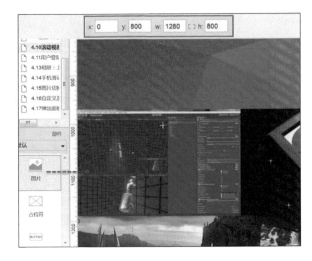

步骤8

　　从部件窗口中拖入图片部件，在第二屏位置导入图片"4.10F.png"。图片位置大小为（*x*:379，*y*:1653，*w*:573，*h*:687）。

第二部分：交互设置

步骤9

　　返回原型界面，选中场景1，在检查窗口设置滚动条为"自动显示垂直滚动条"，双击滚动时事件，打开用例编辑器。

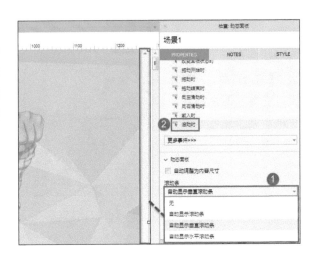

步骤10

在用例编辑器中，设置用例1。单击"编辑条件"按钮，打开条件生成器窗口，设置用例条件为"值、[[This.scrollY]]、>=、值、800"。

添加动作：设置面板状态；

配置动作：勾选选择要设置状态的动态面板下的"Set背景（动态面板）"；

选择状态：状态2；

单击"确定"按钮，关闭窗口。

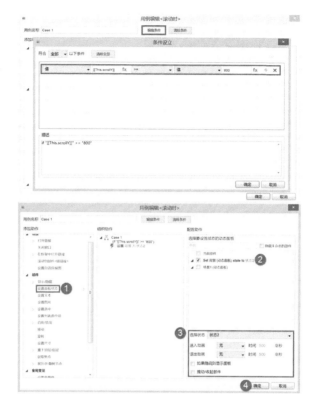

步骤11

继续选中场景1，双击"滚动时"事件，打开用例编辑器。

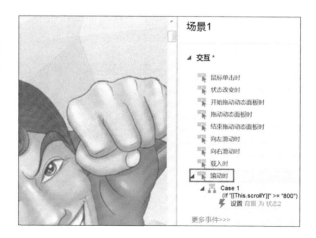

步骤12

在用例编辑器中，设置用例2。单击"编辑条件"按钮，打开条件生成器，设置用例条件为"值、[[This.scrollY]]、<、值、800"。

添加动作：设置面板状态；

配置动作：勾选选择要设置状态的动态面板下的"Set背景（动态面板）"；

选择状态：状态1；

单击"确定"按钮，关闭窗口。

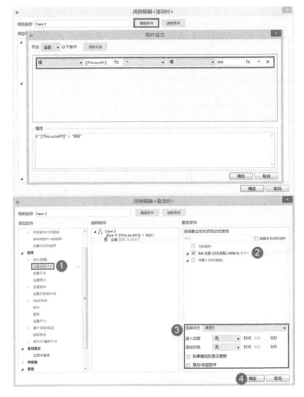

步骤13

生成原型，查看效果。

4.11　用户登录效果一

交互说明

1．单击账号输入框或密码输入框，隐藏账号或密码图标。

2．账号输入框或密码输入框未获得焦点时，显示账号或密码图标。

实现原理

账号或密码输入框获得或失去焦点时，分别显示或隐藏相应的图标。

实现步骤

第一部分：原型界面制作

步骤1

从部件窗口中拖入
1个图片部件，双击图
片部件导入图片"4.11A.
jpg"。

步骤2

从部件窗口中拖入1
个矩形2部件，设置填充
颜色为白色；双击矩形设
置文本为"普通登录"；
设置矩形为合适大小。

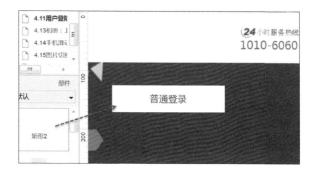

步骤3

复制步骤2中的矩
形，设置填充颜色为灰
色；双击矩形设置文本为
"手机动态密码登录"；
水平排列2个矩形。

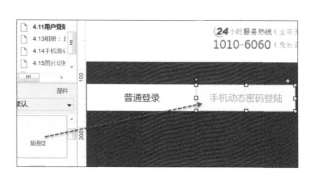

步骤4

从部件窗口中拖入1个矩形2部件，设置填充颜色为白色；调整矩形大小放置在步骤1和步骤2的部件下方，作为登录界面的背景。

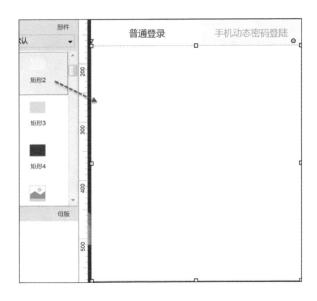

步骤5

从部件窗口中拖入1个矩形1部件，设置位置大小为（x:639，y:199，w:313，h:42）。

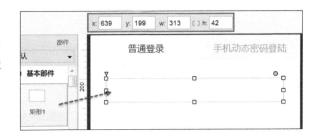

步骤6

从部件窗口中拖入单行文本输入框，放置在步骤5的矩形上，调整大小，设置提示文字为"邮箱/手机/用户名/会员卡"；隐藏提示触发为"获取焦点"；勾选"隐藏边框"，设置输入框名称为"账号"。

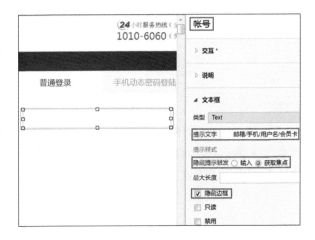

步骤7

复制步骤5和步骤6中的部件，放在下面。修改输入框提示文字为"请输入密码"；设置输入框名称为"密码"。

步骤8

重复步骤7，复制部件，将其放置到密码输入框下面，调整部件宽度，修改输入框提示文字为"请输入验证码"。

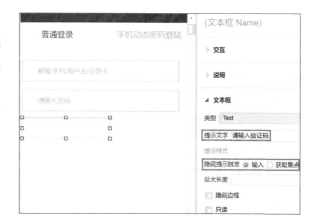

步骤9

从部件窗口中拖入1个图片部件，双击图片部件导入"4.11B.png"，放置在账号输入框前，设置部件名称为"peo-mig"。

步骤10

    从部件窗口中拖入1个图片部件，双击图片部件导入"4.11C.png"，放置在密码输入框前，设置部件名称为"pw-mig"。

步骤11

    从部件窗口中拖入1个复选框，双击编辑文本为"记住密码20天"。

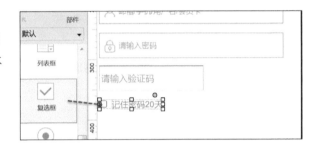

步骤12

    从部件窗口中拖入1个标签部件，分别制作忘记密码和注册等按钮。

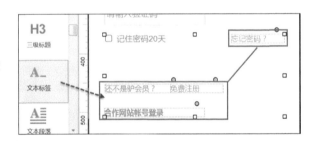

步骤13

    从部件窗口中拖入1个矩形2部件，设置填充颜色为红色；双击修改文本为"立即登录"；设置字体颜色为白色；调整登录按钮大小。

步骤14

从部件窗口中拖入
1个矩形部件，自定义形
状为向右的箭头；双击矩
形修改文本为"请输入邮
箱/用户名/手机号"；勾
选外部阴影；设置部件名
称为"账号信息"。

步骤15

复制步骤14的部件，
放置到密码输入框左边。
修改文本为"请输入密
码"；设置部件名称为
"密码信息"。

步骤16

选择"账号信息"和
"密码信息"，单击鼠标
右键，在快捷菜单中选择
"设为隐藏"。

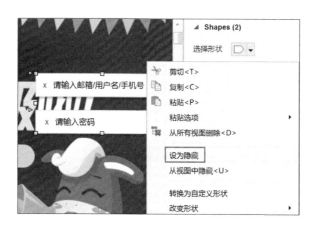

第二部分：交互设置

步骤17

选择"账号"输入框，双击"获取焦点时"事件，打开用例编辑器。

添加动作：隐藏；

配置动作：勾选选择要隐藏或显示的部件下的"peo-mig"；

可见性：隐藏。

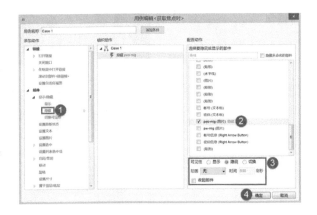

步骤18

选择"账号"输入框，双击"失去焦点时"事件，打开用例编辑器。

单击"编辑条件"按钮，打开条件生成器窗品，设置用例条件为"部件文字、This、==、值"；

添加动作：显示；

配置动作：勾选选择要隐藏或显示的部件下的"peo-mig"；

可见性：显示。

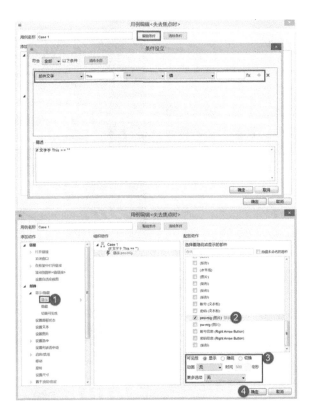

步骤19

分别复制步骤17和步骤18中的获取焦点时和失去焦点时事件到"密码"输入框的获取焦点时和失去焦点时事件中，修改2个事件：

配置动作：隐藏部件：pw-mig失去焦点时；

配置动作：显示部件：pw-mig。

4.12 用户登录效果二

交互说明

1．账号、密码输入框为空时，显示账号、密码为空的提示信息。

2．账号、密码输入框不为空时，隐藏账号、密码为空的提示信息。

3．显示账号、密码为空的提示信息时，提示信息晃动加强提示效果。

4．单击"登录"按钮，如账号、密码都不为空，弹出窗口显示成功登录的提示。

实现原理

用户登录交互案例中，主要学习带条件的用例条件。这个交互的账号、密码输入框和登录按钮的交互事件中都包含了不同情况的动作设置。如输入框为空，显示提示信息；输入框不为空，隐藏提示信息。还有多个用例条件的应用，如账号、密码同时都不为空的条件设置。

实现步骤

步骤1

选择账号输入框,双击"文本改变时"事件,打开用例编辑器,编辑用例1。

单击"编辑条件"按钮,打开条件生成器,设置用例条件为"部件文字、账号、! =、值";

添加动作:隐藏;

配置动作:勾选选择要隐藏或显示的部件下的"账号信息";

可见性:隐藏;

单击"确定"按钮,关闭窗口。

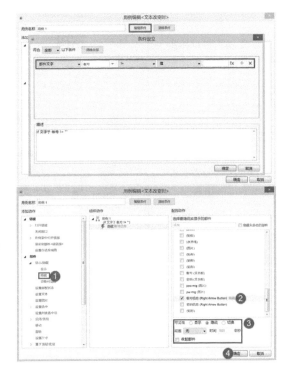

步骤2

继续选择账号输入框,双击"文本改变时"事件,打开用例编辑器,编辑用例2。

单击"编辑条件"按钮,打开条件生成器,设置用例条件为"部件文字、账号、==、值";

添加动作:显示;

配置动作:勾选选择要隐藏或显示的部件下的"账号信息";

可见性:显示;

单击"确定"按钮,关闭窗口。

步骤3

复制账号输入框的"文本改变时"事件的所有用例,粘贴到密码输入框的文本改变时事件中,修改2个用例。

用例1:

用例条件:部件文字、密码、==、值;

配置动作:显示密码信息。

用例2:

用例条件:部件文字、密码、!=、值;

配置动作:隐藏密码信息。

单击"确定"按钮,关闭窗口。

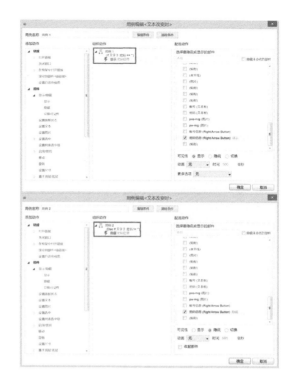

步骤4

选中账号信息部件,双击"显示时"事件,打开用例编辑器。

动作1:

添加动作:移动;

配置动作:勾选选择要移动的部件下的"当前部件";

移动:相关位置(x:5,y:0)。动画:弹跳,时间:500毫秒。

动作2:

添加动作:移动;

配置动作:勾选选择要移动的部件下的"当前部件";

移动:相关位置(x:0,y:0)。

单击"确定"按钮,关闭窗口。

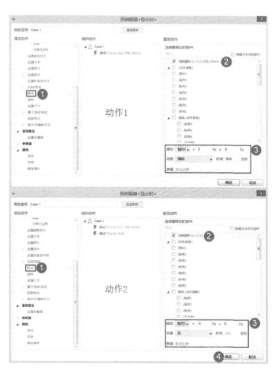

步骤5

复制账号信息部件的显示时事件用例，粘贴到密码信息部件的显示时事件中。

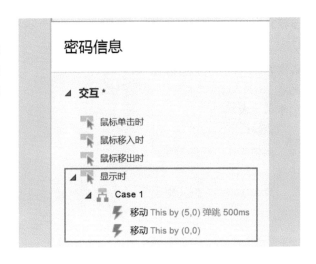

步骤6

选择"登录"按钮，双击"鼠标单击时"事件，打开用例编辑器，编辑用例1。

单击"编辑条件"按钮，打开条件生成器，设置用例条件为"部件文字、账号、==、值"并且"部件文字、密码、==、值"。

添加动作：显示；

配置动作：勾选选择要隐藏或显示的部件下的"账号信息"和"密码信息"；

可见性：显示；

单击"确定"按钮，关闭窗口。

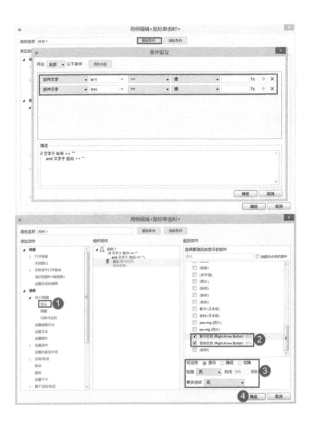

步骤7

继续选择"登录"按钮，双击"鼠标单击时"事件，打开用例编辑器，编辑用例2。

单击"编辑条件"按钮，打开条件生成器，设置用例条件为"部件文字、账号、!=、值"并且"部件文字、密码、!=、值"。

添加动作：其他；

配置动作：输入弹出窗口显示的文字：你已经成功登录了。

单击"确定"按钮，关闭窗口。

步骤8

生成原型，查看效果。

4.13 本地上传照片交互设计

交互说明

1．单击"上传照片"按钮，打开上传面板。

2．在上传面板中，单击"选择相片"按钮，打开选择窗口。

3．在选择窗口中，选择一张图片，单击"打开"按钮，新增一个上传图片。

实现原理

相册中上传照片交互，主要体会的是Axure原型中有明显示操作流程的交互设置，如右图所示。

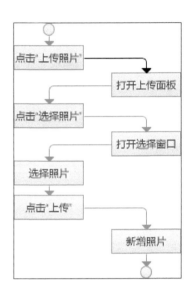

实现步骤

第一部分：制作上传页面元素

步骤1

从部件窗口中拖入1个矩形2部件，设置填充颜色为蓝色；

双击矩形编辑文本为"上传照片"

设置字体颜色为白色。

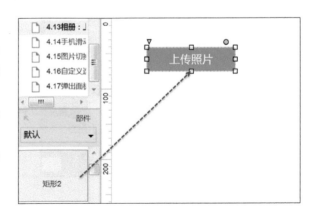

步骤2

从部件窗口中拖入1个矩形2部件，设置填充颜色为白色作为背景；

复制1个矩形副本，双击编辑文本为"相册一"，叠放在矩形的下面。

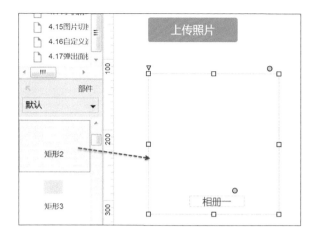

步骤3

从部件窗口中拖入1个图片部件，双击图片部件导入图片"4.13B.jpg"，放在相册一矩形的上面。

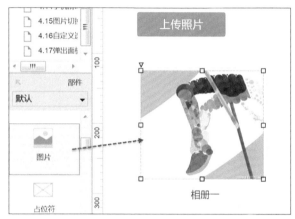

第二部分：制作上传面板

步骤4

从部件窗口中拖入1个动态面板，设置动态面板大小为（*w*:930，*h*:510）；双击动态面板，打开动态面板状态管理窗口。

双击"状态1"，打开状态1编辑页面。

步骤5

从部件窗口中拖入1
个矩形2部件，调整矩形
部件到合适的大小，作为
上传面板的背景。

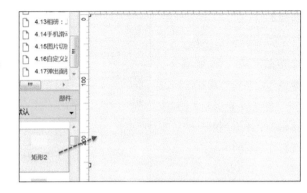

步骤6

从部件窗口中拖入
1个标签部件，双击标签
部件编辑文本为"上传相
片"。

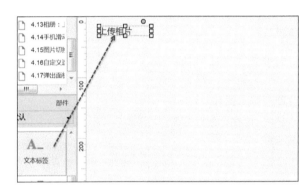

步骤7

从部件窗口中拖入
1个水平线部件，设置线
条颜色为灰色，设置线条
长度。

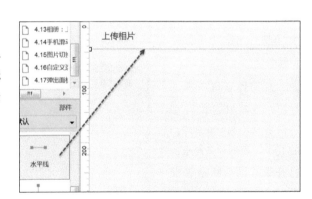

步骤8

从部件窗口中拖入1个标签部件，双击标签部件编辑文本为"上传到"；再拖入下拉列表框部件，双击下拉列表框，添加下拉列表选项"请选择相册"。

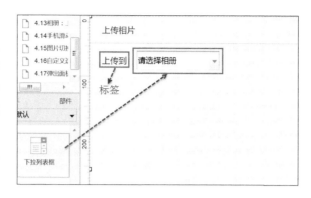

步骤9

从部件窗口中拖曳1个矩形2部件，设置部件的填充颜色为蓝色，调整矩形大小，双击矩形编辑文本为"选择相片"，设置字体颜色为白色。设置矩形名称为"选择照片按钮"。

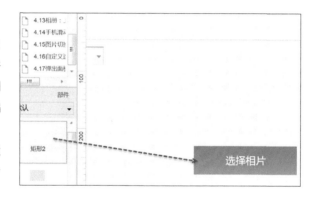

步骤10

从部件窗口中拖曳1个动态面板，在检查窗口中设置名称为"已上传图片"。双击动态面板，打开状态1编辑页面。

步骤11

　　返回到原型页面中，复制"图片""相册一"和"白色背景"（步骤1~3中的部件）到"已上传图片"面板的状态1页面中。修改相册名称为"01"。

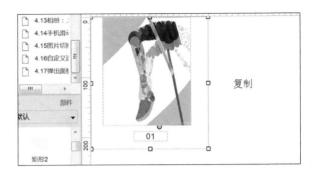

步骤12

　　从部件窗口中拖入1个矩形3部件，设置背景颜色为灰色，双击编辑矩形文本为"继续添加相片"。设置名称为"继续添加按钮"。

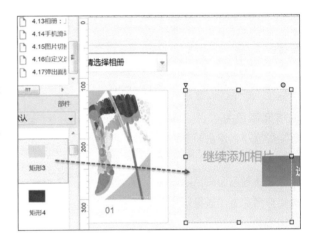

步骤13

　　选择"已上传图片"和"继续添加按钮"动态面板，单击鼠标右键，在快捷菜单中选择"设为隐藏"。

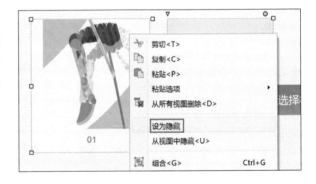

第三部分：制作文件选择窗口

步骤14

　　返回到原型页面中，从部件窗口中拖入1个图片部件，双击导入图片"4.13A.jpg"；

　　单击鼠标右键，在快捷菜单中选择"转换为动态面板"；

设置面板名称为"选择窗口"。

第四部分：交互设置

步骤15

选择"上传照片"按钮，双击"鼠标单击时"事件，打开用例编辑器。

添加动作：显示；

配置动作：勾选选择要隐藏或显示的部件下的"上传面板"；

可见性：显示，更多选项：置于顶层；

单击"确定"按钮，关闭窗口。

步骤16

双击"上传"面板，进入状态1编辑页面，选择"选择照片按钮"部件，双击"鼠标单击时"事件，打开用例编辑器。

添加动作：显示；

配置动作：勾选选择要隐藏或显示的部件下的"选择窗口"；

可见性：显示，更多选项：置于顶层；

单击"确定"按钮，关闭窗口。

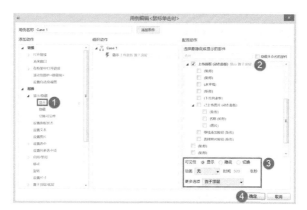

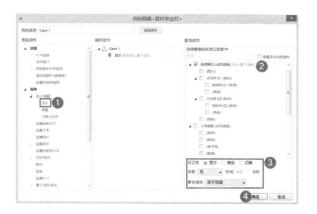

步骤17

进入"选择窗口"状态1编辑页面,从部件窗口中拖入1个矩形部件,填充颜色为浅蓝;线条颜色为蓝色。

在设置交互样式窗口中单击"选中"按钮,勾选"线条颜色:灰色";勾选"填充颜色:灰色";勾选"不透明(%):35"。放置在一个文件的上面,设置名称为"按钮样式1"。

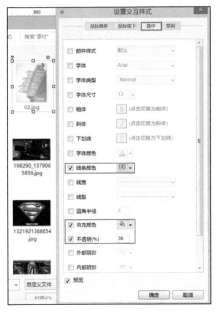

步骤18

从部件窗口中拖入1个1个图像热区,放置在矩形部件上。

将"图像热区"和"按钮样式1"全选,单击鼠标右键,在快捷菜单中选择"组合"。设置组合名称为"交互样式1"。

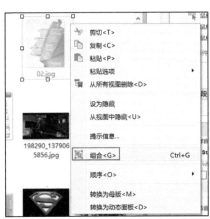

步骤19

复制交互样式1,放在另一个文件上,修改组合名称为"交互样式2",矩形名称为"按钮样式2"。

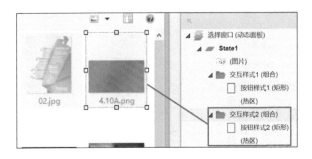

小提示:案例中仅做了2个文件的交互样式,如有需要,可以在所有文件上都添加交互样式。

步骤20

选中交互样式1，双击"鼠标单击时"事件，打开用例编辑器。

动作1：

添加动作：设置面板状态；

配置动作：勾选选择要设置选中状态的部件下的"按钮样式1"；

设置选中状态为："值" "true"。

动作2：

添加动作：隐藏；

配置动作：勾选选择要隐藏或显示的部件下的"按钮样式2"；

可见性：隐藏；

单击"确定"按钮，关闭窗口。

步骤21

复制步骤20中的事件用例到交互样式2的鼠标单击时事件中，修改事件。

动作1：

配置动作：勾选选择要设置选中状态的部件下的"按钮样式2"；

设置选中状态为："值" "true"。

动作2：

配置动作：勾选选择要隐藏或显示的部件下的"按钮样式1"；

可见性：隐藏。

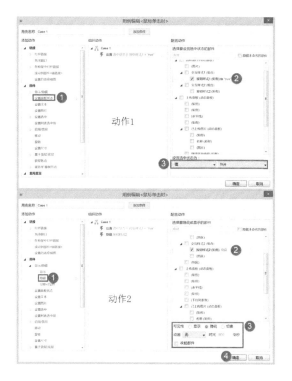

步骤22

选中交互样式1，双击
"鼠标移入时"事件，打开
用例编辑器。

添加动作：显示；

配置动作：勾选选择要
隐藏或显示的部件下的"按
钮样式1"；

可见性：显示；

单击"确定"按钮，关
闭窗口。

步骤23

复制步骤22中的事件用
例，到交互样式2的鼠标移入时
事件中，修改事件：

配置动作：勾选选择要
隐藏或显示的部件下的"按
钮样式2"；

可见性：显示。

步骤24

选中交互样式1，双击
"鼠标移出时"事件，打开
用例编辑器。

单击"编辑条件"按钮，
打开条件生成器，设置用例条
件为"选中状态、按钮样式1、
!=、true"。

添加动作：隐藏；

配置动作：勾选选择要
隐藏或显示的部件下的"按
钮样式1"。

可见性：隐藏；

单击"确定"按钮，关
闭窗口。

步骤25

复制步骤24中的事件用例，到交互样式2的鼠标移出时事件中，修改事件：

配置动作：勾选选择要隐藏或显示的部件下的"按钮样式2"；

可见性：隐藏。

步骤26

全选交互样式1、交互样式2，在检查窗口中设置输入选项组名称为"1"。

步骤27

从部件窗口中拖曳1个图像热区到打开按钮上，选中图像热区，双击"鼠标单击时"，打开用例编辑器。

动作1：

添加动作：隐藏；

配置动作：勾选选择要隐藏或显示的部件下的"选择窗口（动态面板）"；

可见性：隐藏。

动作2：

添加动作：显示；

配置动作：勾选选择要隐藏或显示的部件下的"已上传图片（动态面板）"和"继续添加按钮（矩形）"；

可见性：显示；

单击"确定"按钮，关闭窗口。

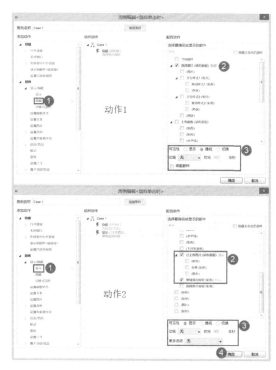

步骤28

生 成 原 型 , 查 看
效果。

4.14 手机滑动解锁效果

交互说明

滑动手机解锁滑块到滑动区的右边界时,显示主页界面。

实现原理

手机滑动解锁效果,使用 "移动" 动作,拖动解锁滑块。在碰触滑动区右边界,触发主页界面显示时,使用了小技巧。在滑动区的右边界放置了一个垂直线,在移动动作的用例中,加入用例条件判断:解锁滑块与垂直线的部件范围是否接触,如果接触就跳转到首页界面。

实现步骤

第一部分:原型界面制作

步骤1

从部件窗口中拖入1个图片部件,导入图片 "4.14C.png" ;复制图片,继续导入图片 "4.14A.jpg" "4.14B.jpg" 和 "4.14D.png" 。

将 "4.14B.jpg" 放置在底层并设置名称为 "首页" 。

步骤2

从部件窗口中拖入1个矩形2部件，设置填充颜色为灰色，不透明度为70%；复制1个副本，放在手机界面的下部。

步骤3

从部件窗口中拖曳2个标签部件，分别设置标签文本为"19:56"和"10月11日星期日"，设置文本颜色为白色。

步骤4

从部件窗口中拖曳1个矩形2部件，设置填充颜色为黑色，线条颜色为灰色；

双击矩形编辑文本为"移动滑块来解锁"，设置文本颜色为白色。

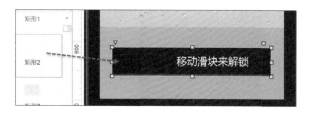

步骤5

从部件窗口中拖入1个矩形2部件，设置填充颜色为渐变灰色，线条颜色为灰色，圆角为5。

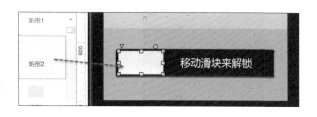

步骤6

从部件窗口中拖入1个矩形3部件，设置为长方形。复制一个副本，自定义矩形形状为三角形。

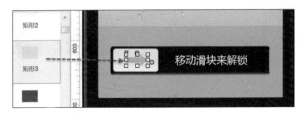

将2个部件拼在一起，组成一个向右的三角形。将2个矩形放在步骤5中的矩形上。

步骤7

选择步骤5和步骤6的部件，单击鼠标右键，在快捷菜单中选择"转换为动态面板"；设置动态面板名称为"解锁"。

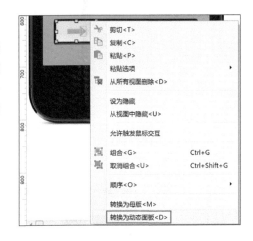

第二部分：交互设置

步骤8

选择"解锁"动态面板，双击"拖动动态面板时"事件，打开用例编辑器。

添加动作：移动；

配置动作：勾选选择要移动的部件下的"解锁（动态面板）"；

移动：水平拖动，界限：左侧大于等于57；右侧小于等于329。

单击"确定"按钮，关闭窗口。

步骤9

从部件窗口中拖曳1条垂直线，放在写有"移动滑块来解锁"的矩形的右边线上，设置名称为"垂直线"。

步骤10

选择"解锁"动态面板,双击"结束拖动动态面板时"事件,打开用例编辑器。

单击"编辑条件"按钮,打开条件生成器,设置用例条件为"部件范围、This、接触、部件范围、垂直线";

添加动作: 置于顶层;

配置动作: 勾选选择要置于顶层或底层的部件下的"首页(图片)"。

单击"确定"按钮,关闭窗口。

步骤11

生成原型,查看效果。

4.15 图片翻转、滑动效果

交互说明

    1．单击"1"按钮，以向上、向下、向左、向右翻转的方式显示或隐藏图片。

    2．单击"2"按钮，以向上、向下、向左、向右滑动的方式显示或隐藏图片。

实现原理

    照片墙中图片滑动、翻转的效果常常看得人眼花缭乱。Axure RP 8.0版本中加入了翻转的动画效果。图片切换翻转效果案例运用了这种最新加入的动画效果来展示图片。在"显示/隐藏"动作中，设置不同效果的进入、退出动画，实现8种不同动画的图片展示效果。

实现步骤

第一部分：原型界面制作

步骤1

    从部件窗口中拖入1个图片部件，双击图片部件导入图片"4.15A.png"，设置图片名称为"1"。

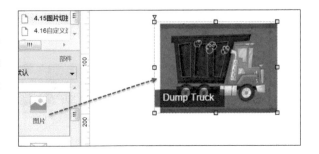

步骤2

    复制图片部件，双击导入图片"4.15B.png"，设置图片名称为"2"；单击鼠标右键，在快捷菜单中选择"设为隐藏"和"置于底层"；并将其放到图片1的下面。

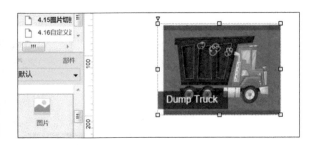

步骤3

全选图片1、图片2，复制1个副本，放在右边。修改1的名称为"3"，2的名称为"4"。分别双击"3"和"4"，导入图片"4.15C.png"和"4.15D.png"。

步骤4

从部件窗口中拖曳1个矩形2部件，设置矩形部件大小，双击编辑文本为"1"；复制一个副本，修改文本为"2"。

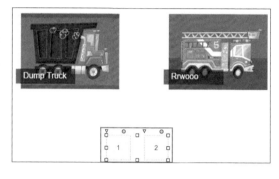

第二部分：交互设置
步骤5

选择文本为1的矩形，双击"鼠标单时"事件，打开用例编辑器。

动作1：

添加动作：隐藏；

配置动作：勾选选择要隐藏或显示的部件下的"1（图片）"和"3（图片）"；

1的可见性：隐藏，动画：flip left，时间：500毫秒；

3的可见性：隐藏，动画：flip up，时间：500毫秒。

动作2：

添加动作：显示；

配置动作：勾选选择要隐藏或显示的部件下的"2（图片）"和"4（图片）"；

2的可见性：显示，动画：flip right，时间：1000毫秒；

4的可见性：显示，动画：flip down，时间：1000毫秒。

单击"确定"按钮，关闭窗口。

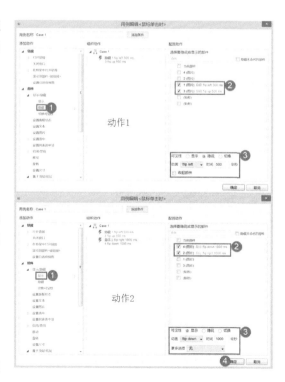

步骤6

选择文本为2的矩形，双击"鼠标单时"事件，打开用例编辑器。

动作1：

添加动作：显示；

配置动作：勾选选择要隐藏或显示的部件下的"1（图片）"和"3（图片）"；

1的可见性：显示，动画：向上滑动，时间：500毫秒；

3的可见性：显示，动画：向左滑动，时间：500毫秒。

动作2：

添加动作：隐藏；

配置动作：勾选选择要隐藏或显示的部件下的"2（图片）"和"4（图片）"；

2的可见性：隐藏，动画：向下滑动，时间：1000毫秒；

4的可见性：隐藏，动画：向右滑动，时间：1000毫秒。

单击"确定"按钮，关闭窗口。

步骤7

生成原型，查看效果。

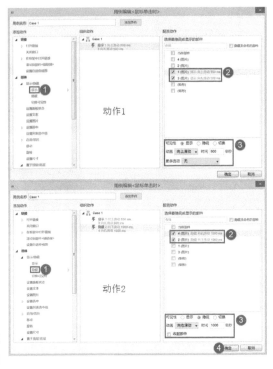

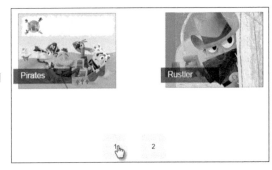

4.16　自定义风格按钮组

交互说明

1．单击银行卡，切换显示选中效果。

2．单击"全选"按钮，同时选择3个银行卡。

3．单击"取消全选"按钮，3个银行卡选择状态取消。

4．单击"反选"按钮，已选中银行卡变为未选中，未选中银行卡变为已选中。

实现原理

自定义按钮组用图片作为选择按钮，制作自定义样式的选择按钮组。全选、取消全选功能用"选择/选中"动作设置批量选中和取消选中的效果。在反选效果中，要对当前选中项进行判断，已选中项设为未选中状态，未选中项设为已选中状态。

实现步骤

第一部分：原型界面制作

步骤1

从部件窗口中拖入1个标签部件，双击标签编辑文本为"选择银行卡"。

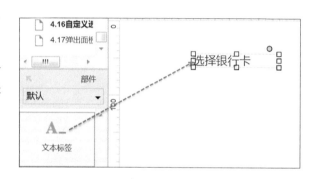

步骤2

复制3个步骤1中的标签，分别设置文本为"全选""取消全选"和"反选"。

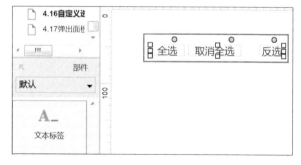

步骤3

从部件窗口中拖曳1个水平线，放置在标签下面。

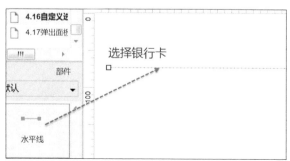

步骤4

从部件窗口中拖曳1个一个图片部件，双击图片部件导入图片"4.16A.png"，设置图片名称为"卡1"。

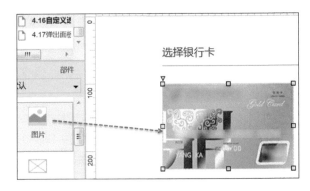

步骤5

复制2个"卡1"，分别导入图片"4.16B.png"和"4.16C.png"；分别设置名称为"卡2"和"卡3"。

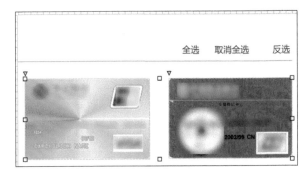

第二部分：交互设置
步骤6

全选卡1、卡2、卡3，在设置交互样式窗口中单击"选中"按钮，勾选"外部阴影"，设置图片阴影。

步骤7

选择卡1，双击"鼠标单击时"事件，打开用例编辑器。

添加动作：选中；

配置动作：勾选选择要设置选中状态的部件下手"当前部件"；

设置选中状态为："值""toggle"；

单击"确定"按钮，关闭窗口。

步骤8

复制卡1的鼠标单击时事件到卡2和卡3的鼠标单击时事件中。

步骤9

选择"全选"按钮，双击"鼠标单击时"事件，打开用例编辑器。

添加动作：设置选中；

配置动作：勾选选择要设置选中状态的部件下的"卡1""卡2""卡3"；

设置选中状态为："值""true"。

单击"确定"按钮，关闭窗口。

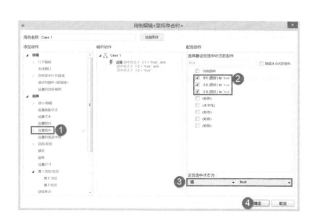

步骤10

选择"取消全选"按钮，双击"鼠标单击时"事件，打开用例编辑器。

添加动作: 设置选中;

配置动作: 勾选选择要设置选中状态的部件下的"卡1""卡2""卡3";

设置选中状态为: "值""false";

单击"确定"按钮，关闭窗口。

步骤11

选择"反选"按钮，双击"鼠标单击时"事件，打开用例编辑器，编辑用例1。

单击"编辑条件"按钮，打开条件生成器，设置用例条件为"选中状态、卡1、==、值、true";

添加动作: 设置选中;

配置动作: 勾选选择要设置选中状态的部件下的"卡2""卡3""卡1";

卡2和卡3的设置选中状态为: "值""true";

卡1的设置选中状态为: "值""false"。

单击"确定"按钮，关闭窗口。

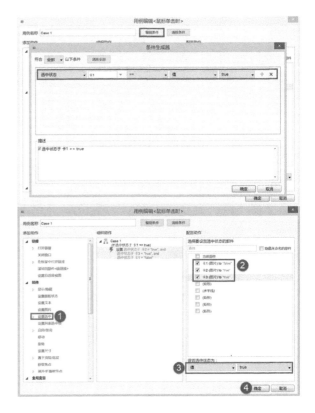

步骤12

　　选择"反选"按钮，双击"鼠标单击时"事件，打开用例编辑器，编辑用例2。

　　单击"编辑条件"按钮，打开条件生成器，设置用例条件为"选中状态、卡2、==、值、true"；

　　添加动作：设置选中；

　　配置动作：勾选选择要设置选中状态的部件下的"卡1""卡3""卡2"；

　　卡1和卡3的设置选中状态为："值""true"；

　　卡2的设置选中状态为："值""false"。

　　单击"确定"按钮，关闭窗口。

步骤13

　　选择"反选"按钮，双击"鼠标单击时"事件，打开用例编辑器，编辑用例3。

　　单击"编辑条件"按钮，打开条件生成器，设置用例条件为"选中状态、卡3、==、值、true"；

　　添加动作：设置选中；

　　配置动作：勾选选择要设置选中状态的部件下的"卡1""卡2""卡3"；

　　卡1和卡2的设置选中状态为："值""true"；

　　卡3的设置选中状态为："值""false"。

　　单击"确定"按钮，关闭窗口。

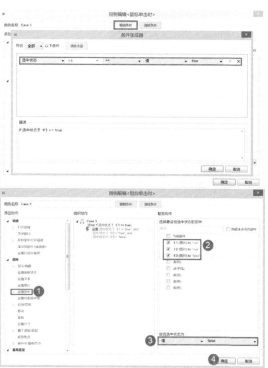

步骤14

生成原型，查看效果。

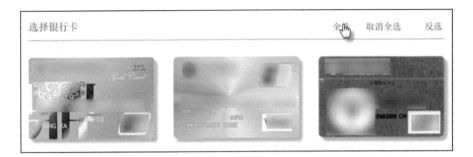

4.17 依次滑出、收起的左侧菜单

交互说明

1. 单击"打开"按钮，依次显示频道按钮。

2. 单击"频道"按钮，依次隐藏频道按钮。

实现原理

用"显示/隐藏"配合"等待"动作，制作像钢琴键一般的滑动显示效果，相邻的频道按钮向右滑出时，中间插入"等待"动作，增加延时，制作出依次出现的滑动显示效果。

实现步骤

第一部分：原型界面制作

步骤1

从部件窗口中拖曳1个矩形2部件，自定义矩形形状，调整矩形大小为（*w*:300，*h*:50）；双击矩形编辑文本为"MUSIC"。

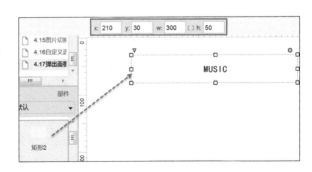

步骤2

　　重复步骤1制作内容
面板及黑色背景。

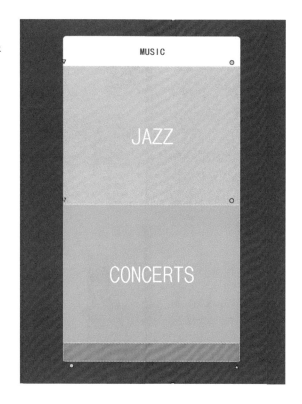

步骤3

　　从部件窗口中拖曳1
个水平线，调整水平线的
长度，线条颜色为灰色；
复制2个平水线，选中3个
水平线，单击鼠标右键，
在快捷菜单中选择"组
合"；设置组合名称为
"打开"。

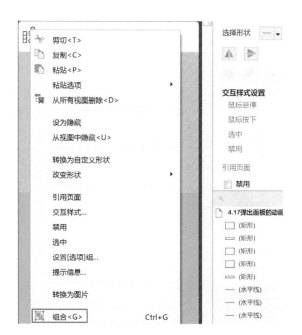

步骤4

从部件窗口中拖曳1个矩形部件，设置矩形背景颜色为黑色，边线颜色为黑色；设置矩形大小为（*w*:70，*h*:60）。

设置矩形鼠标悬停样式：勾选填充颜色为红色；双击矩形编辑文本为"A"；设置矩形名称为"频道1"。

步骤5

复制7个频道1的副本，垂直排列放置在手机左侧。

分别修改副本文本为B~G；分别修改副本名称为频道2~频道8；选中频道1~频道8，单击鼠标右键，选择"设为隐藏"。

第二部分：交互设置
步骤6-1

选择"打开"组合按钮，双击"鼠标单击时"事件，打开用例编辑器。

动作1：

添加动作：显示；

配置动作：勾选选择要隐藏或显示的部件下的"频道1"；

可见性：显示，动画：向右滑动，时间：500毫秒。

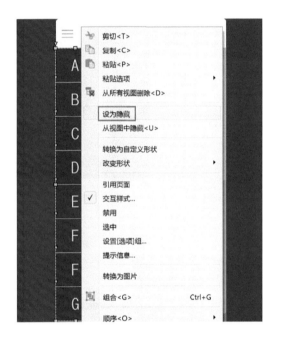

步骤6-2

动作2：

添加动作：等待；

配置动作：等待时间100毫秒。

步骤6-3

动作3：

添加动作：显示；

配置动作：勾选选择要隐藏或显示的部件下的"频道2"；

可见性：显示，动画：向右滑动，时间：500毫秒。

动作4：

添加动作：等待；

配置动作：等待时间100毫秒。

步骤6-4

动作5：

添加动作：显示；

配置动作：勾选选择要隐藏或显示的部件下的"频道3"；

可见性：显示，动画：向右滑动，时间：500毫秒。

动作6：

添加动作：等待；

配置动作：等待时间100毫秒。

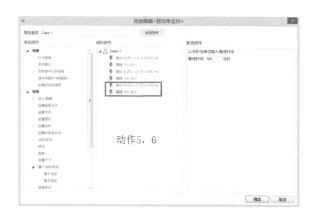

步骤6-5

动作7：

添加动作：显示；

配置动作：勾选选择要隐藏或显示的部件下的"频道4"；

可见性：显示，动画：向右滑动，时间：500毫秒。

动作8：

添加动作：等待；

配置动作：等待时间100毫秒。

步骤6-6

动作9：

添加动作：显示；

配置动作：勾选选择要隐藏或显示的部件下的"频道5"；

可见性：显示，动画：向右滑动，时间：500毫秒。

动作10：

添加动作：等待；

配置动作：等待时间100毫秒。

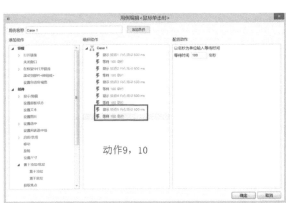

步骤6-7

动作11：

添加动作：显示；

配置动作：勾选选择要隐藏或显示的部件下的"频道6"；

可见性：显示，动画：向右滑动，时间：500毫秒。

动作12：

添加动作：等待；

配置动作：等待时间100毫秒。

步骤6-8

动作13：

添加动作：显示；

配置动作：勾选选择
要隐藏或显示的部件下的
"频道7"；

可见性：显示，动
画：向右滑动，时间：
500毫秒。

单击"确定"按钮，关闭窗口。

动作14：

添加动作：等待；

配置动作：等待时间100毫秒。

步骤6-9

动作15：

添加动作：显示；

配置动作：勾选选择
要隐藏或显示的部件下的
"频道8"；

可见性：显示，动
画：向右滑动，时间：
500毫秒。

单击"确定"按钮，关闭窗口。

步骤7-1

选择"频道1"按钮，双击"鼠标单击时"事件，打开用例编辑器。分别设置动作1、3、
5、7、9、11、13、15。

添加动作：显示/隐藏；

配置动作：勾选选择
要隐藏或显示的部件下的
频道1~频道8；

可见性：隐藏，动
画：向左滑动，时间：
500毫秒。

步骤7-2

分别设置动作2、4、6、8、10、12、14。

添加动作：等待；

配置动作：等待时间100毫秒。

步骤8

复制"频道1"按钮的"鼠标单击时"事件，分别粘贴到频道2、频道3、频道4、频道5、频道6、频道7、频道8中。

步骤9

生成原型，查看效果。

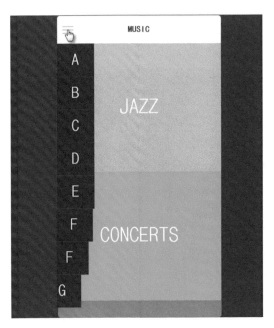

第 5 章

整站设计——记录分享APP设计

　　"我想了解用Axure设计一个完整产品原型的过程""我想体验整站设计经验"，很多学习Axure的小伙伴，对Axure软件基本了解之后，都希望从产品设计整体角度去学习产品原型的制作、设计。将之前学习的原型制作、交互设计的碎片知识组合起成，形成原型制作全过程的设计体验。本章以"记录分享APP"为整站案例，学习整站设计的每个环节。

本章知识点

- 学习完整的Axure产品原型设计过程
- 了解APP产品项目设计方法
- 产品交互设计分享：APP频道设计、新增记录、设置（提醒、备份、反馈、第三方登录）功能设计

写在原型设计前的话

记录分享APP整站案例，是一个已经上线的APP产品。选择这个产品作为案例，是由于这个产品界面简洁、交互典型。交互设计使用了Axure软件中常用、好用的部件和动作。因此，我们选择部分功能，制作了这个APP整站案例。

案例分为三部分介绍：

第一部分：项目的创建和发布。在这一部分中，需要搭建出项目的基本页面结构。在实际的项目设计时，建议大家在对产品基本页面结构规划之后，再动手画原型。当然，这不是固定流程，如果当前没有对页面的整体规划，也可以采用逐个页面制作最后确定页面结构的做法。

第二部分：APP首页制作。APP首页看似只有一个页面，但其实包含了3个频道页和1个新增记录页。在这一部分中，主要学习"频道切换"和"新增记录"的制作。

第三部分：APP设置页面制作。设置页面主要用来为用户提供个性化的服务，在这个案例中，包括了4个设置内容，即时间提醒设置、数据备份、提交动态反馈、关于我们。

通过整站案例分享，希望大家可以体会完整产品项目的原型设计思路。从结构到页面，从页面到交互的交替完善过程。

5.1 新建/发布项目

内容说明

新建一个项目文档（.rp），在页面窗口中建立项目页面并成功发布。

5.1.1 新建.rp项目

打开Axure，在菜单栏中单击"文件"，新建一个.rp原型文档。

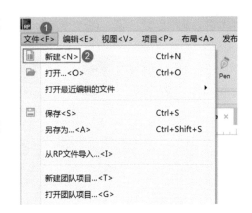

5.1.2　项目页面结构设计

步骤1

在页面窗口中选择"Home"页面，单击添加新页面。慢点页面名称，重命名文件名为"设置"。

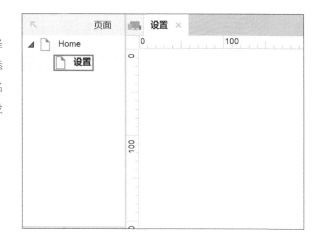

步骤2

在页面窗口中选择"设置"页面，单击添加新页面。慢点页面名称，重命名文件名为"数据备份"。

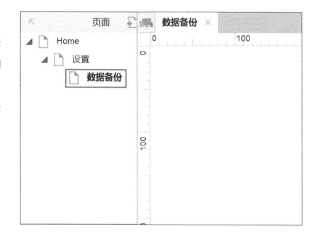

步骤3

在页面窗口中继续选择"设置"页面，单击添加新页面，重命名文件名为"给我们反馈"。

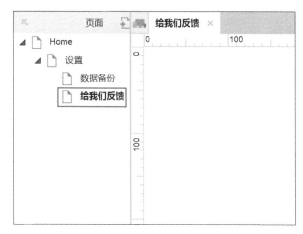

步骤4

在页面窗口中继续选择"设置"页面，单击添加新页面，重命名文件名为"关于我们"。

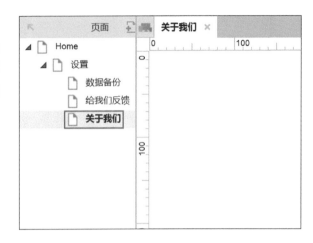

5.1.3 发布项目

步骤1

在菜单栏的发布选项中单击"预览"，预览原型页面。

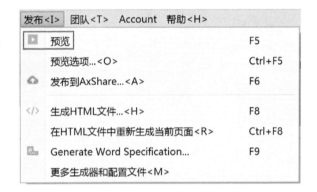

步骤2

在浏览器中，单击左边页面结构中的每个页面，右边的原型显示区能够查看原型的每个页面。

步骤3

当原型全部制作完成后,可以导出HTML文档,共同讨论。这里可以在菜单栏中单击"发布"选项,选择"生成HTML文件",打开HTML窗口。

步骤4

设置原型生成地址后,单击"生成"按钮,生成原型。

步骤5

HTML原型在浏览器中打开时,在原型生成地址中会生成一个HTML文件夹。

单击文件夹中的HTML文件,也可以打开原型文件。

5.2　设计APP首页

内容说明

1. 左右滑动界面切换频道，切换频道时背景图片水平滑动。

2. 新增一条记录到首页，即单击"添加"按钮，进入新记录添加页面，在添加页面中编辑内容后，单击即可新增一条记录到首页。在这个交互过程中，编辑内容时的交互效果，新增记录时内容在页面间的传递，是需要重点掌握的。

5.2.1　设计APP首页界面

第一部分：首页"内容"面板制作

步骤1

　　双击打开Home页面；在线框图编辑窗口中，分别从水平、垂直标尺处拖入2条全局辅助线（按住Shift键并拖动鼠标）。

　　垂直辅助线*x*:403；

　　水平辅助线*y*: 564。

小提示：垂直、水平辅助线确定了APP的界面尺寸，iOS系统可参考不同型号的设计
　　　　尺寸建议。

步骤2

从部件窗口中拖入1个动态面板，在检查窗口中设置面板名称为"内容"。

双击动态面板，打开动态面板状态管理窗口，单击"添加"按钮，新增3个状态。

步骤3

单击"编辑全部状态"按钮，打开状态1、状态2、状态3、状态4的编辑页面。进入"状态1"编辑页面。

第二部分：状态1界面制作

步骤4

从部件窗口中拖入1个图片部件，双击图片部件导入"5-1.png"。

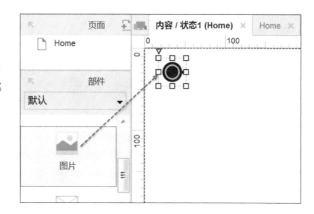

步骤5

　　从部件窗口中拖入1个矩形2部件，设置矩形填充颜色为蓝色；选择形状为圆形；适当调整大小。

　　放置在图片"5-1.png"上，在工具栏中单击"置于底层"，将圆形移动到图片的下层，作为Logo背景。

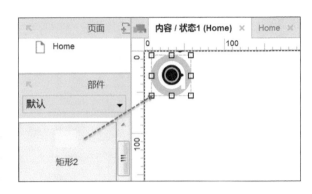

步骤6

　　从部件窗口中拖入1个图片部件，双击部件导入"sezhi.png"；移动到右上角。

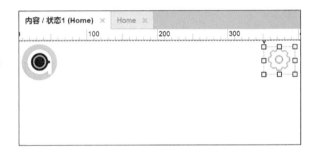

步骤7

　　从部件窗口中拖入1个矩形2部件，设置矩形填充颜色为蓝色；调整矩形到合适大小。

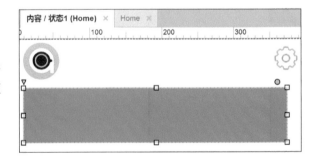

步骤8

　　从部件窗口中拖入1个标签部件，双击编辑文本为"9272+"；设置文本颜色为白色；放在矩形上。

　　复制标签，修改文本为"降临地球"；调整2个标签的位置。

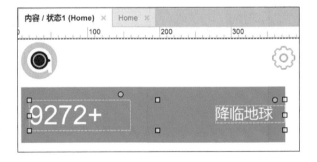

步骤9

　　选择步骤7和步骤8中的部件，复制2个副本，垂直排列。

　　分别修改副本中标签的文本，并修改背景矩形的颜色（背景色和文本可根据喜好设置）。

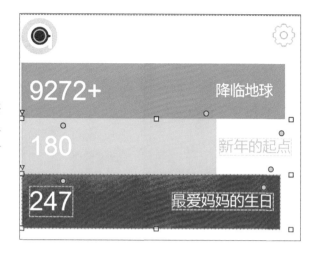

第三部分：状态2界面制作

步骤10

　　进入"状态2"编辑页面，从部件窗口中拖入1个图片部件，导入"bg1.jpg"；在检查窗口中设置名称为"2"。

步骤11

从部件窗口中拖入1个水平线，设置线条颜色为白色；线条长度为20；复制2个副本，垂直排列。

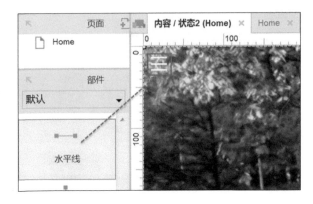

步骤12

从部件窗口中拖入1个标签部件，双击部件编辑文本为"时光"；设置文本颜色为白色。

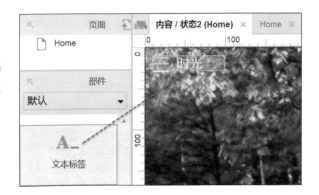

步骤13

全选步骤11和步骤12的部件，单击鼠标右键，在快捷菜单中选择"组合"。

步骤14

　　选择组合部件，在检
查窗口中双击"鼠标单击
时"，打开用例编辑器。

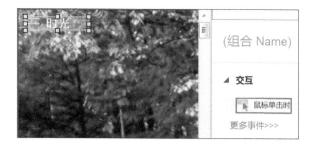

步骤15

　　在用例编辑器中设置
用例1。

　　添加动作：打开
链接；

　　配置动作：打开
位置为当前窗口下的
"Home"。

　　单击"确定"按钮，
关闭窗口。

步骤16

　　选择组合部件，单击
鼠标右键，在快捷菜单中
选择"转换为母版"。

　　打开"转换为母版"
窗口，设置母版名称为
"返回首页"。

步骤17

　　从部件窗口中分别拖入2个标签，设置标签部件文本为"1990-02-14"和"降临地球"。

　　全选2个标签，单击鼠标右键，在快捷菜单中选择"转换为母版"，在"转换为母版"窗口中设置母版名称为"主题"，母版行为"脱离母版"。

第四部分：状态3、状态4界面制作

步骤18

　　进入"状态3"编辑页面，从部件窗口中拖入1个图片部件，导入"bg2.jpg"；设置名称为"3"。

步骤19

分别从部件窗口中拖入母版"返回首页"和"主题",放置在合适位置;修改主题母版中的文本(此处文本可参考状态1中写入的文本)。

步骤20

重复步骤19,完成"状态4"的编辑;修改图片名称为"4"。

步骤21

生成原型，查看效果。

5.2.2　交互设计1：左右滑动切换页面

步骤1

选择"内容"面板，双击"向左滑动时"事件，打开用例编辑器。

步骤2

在用例编辑器中，编辑用例1。

添加动作：设置面板状态；

配置动作：勾选选择要设置状态的动态面板下的"Set内容"；

选择状态为"Next"，勾选"向后循环"；

单击"确定"按钮，关闭窗口。

步骤3

保持选中"内容"面板，双击"向右滑动时"事件，打开用例编辑器。

步骤4

在用例编辑器中，编辑用例1。

添加动作：设置面板状态；

配置动作：勾选选择要设置状态的动态面板下的"Set内容"；

选择状态为"Previous"，勾选"向前循环"；

单击"确定"按钮，关闭窗口。

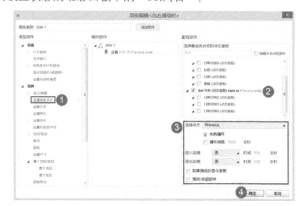

步骤5

生成原型，查看效果。

向右滑动 →

5.2.3　交互设计2：切换页面时背景图片移动

步骤1

保持选中"内容"面板，双击"状态改变时"事件，打开用例编辑器。

单击"编辑条件"按钮，打开条件生成器，设置用例条件为"面板状态、This、==、状态、状态2"。

添加动作：移动；

配置动作：勾选选择要移动的部件下的"2（图片）"；

移动：绝对位置（*x*:-60，*y*:0），动画：线性，时间：800毫秒。

单击"确定"按钮，关闭窗口。

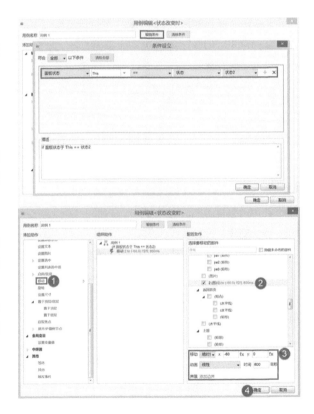

步骤2

复制2个步骤5中的用例副本,在"状态改变时"事件中,分别修改用例2和用例3。

用例2:

用例条件:面板状态、This、==、状态、状态3;

添加动作:移动;

配置动作:勾选选择要移动的部件下的"3(图片)";

用例3:

用例条件:面板状态、This、==、状态、状态4;

添加动作:移动;

配置动作:勾选选择要移动的部件下的"4(图片)"。

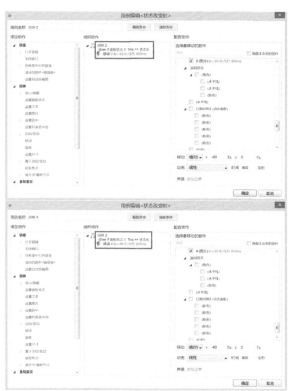

步骤3

保持选中"内容"面板,双击"状态改变时"事件,打开用例编辑器。

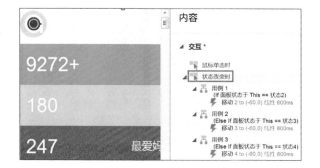

步骤4

在用例编辑器中，编辑用例1。单击"编辑条件"按钮，打开条件生成器，设置用例条件为"面板状态、This、==、状态、状态1。

添加动作：移动；

配置动作：选择要移动的部件：

2（图片）的移动：绝对位置（x:0，y:0）；

3（图片）的移动：绝对位置（x:0，y:0）；

4（图片）的移动：绝对位置（x:0，y:0）。

单击"确定"按钮，关闭窗口。

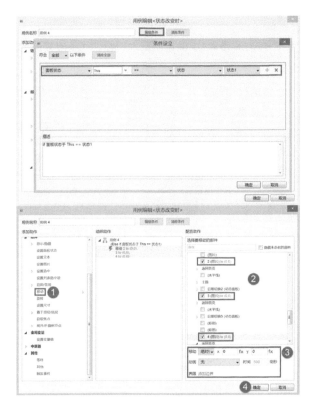

步骤5

生成原型，查看效果。

生成后页面的移动变化

5.2.4 交互设计3：新记录添加页面设计

步骤1

从部件窗口中拖入1个动态面板，在检查窗口中设置面板名称为"添加内容1"；设置面板大小（w:404，h:565）；双击动态面板，打开动态面板状态管理窗口，修改状态1名称为"新增时光"。

步骤2

双击"新增时光"状态，打开编辑页面。

步骤3

从母版窗口中拖入"返回首页"母版。

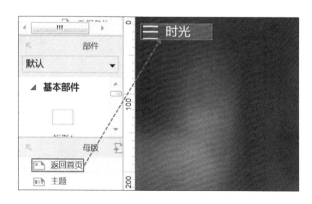

步骤4

从部件窗口中拖入1个矩形1部件，设置矩形填充颜色为透明，线条颜色为白色，选择形状设置为圆形。

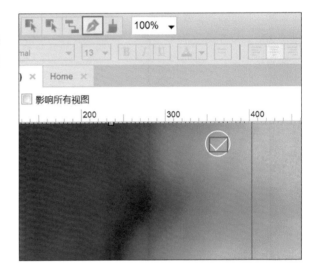

步骤5

在工具栏窗口中选择钢笔工具，在步骤5的圆中画出一个"√"。

步骤6

全选步骤5和步骤6中的部件，单击鼠标右键，在快捷菜单中选择"组合"；在检查窗口中设置名称为"提交按钮"。

步骤7

从部件窗口中拖入1个矩形4部件，双击编辑文本为"标题"；设置文本颜色为白色，填充颜色为黑色。

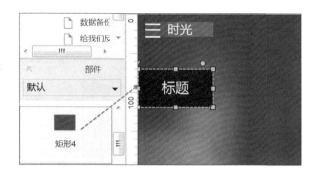

步骤8

从部件窗口中拖入1个矩形2部件，双击编辑文本为"输入标题"；设置文本颜色为白色，填充颜色为蓝色，设置名称为"标题"。

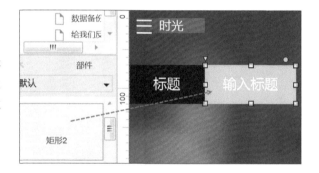

步骤9

选择步骤8和步骤9中的部件，复制2个副本，放置在下面。

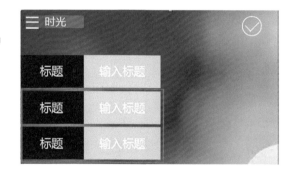

步骤10

分别修改部件名称为"日期""2015-7-5""重复""重复"；设置蓝色前景色矩形名称为"日期""重复"。

步骤11

生 成 原 型 , 查 看
效果。

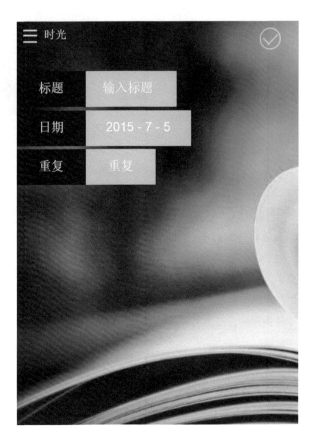

5.2.5 交互设计4：进入新记录添加页面

第一部分：原型界面制作

步骤1

返回到Home页面，
选择"添加内容1（动态
面板）"，单击鼠标右键
在快捷菜单中选择"设为
隐藏"；

在菜单栏中选择"置
于底层"。将添加内容1
（动态面板）放在内容面
板的下面。

步骤2

　　双击内容面板，打开
动态面板状态管理窗口，
双击"状态1"，打开状
态1编辑页面。

步骤3

　　从部件窗口中拖入1
个矩形2部件，设置填充
颜色为蓝色。

　　双击部件编辑文本为
"+"。设置文本颜色为
白色，选择形状为圆形，
在检查窗口样式标签中勾
选"外部阴影"。

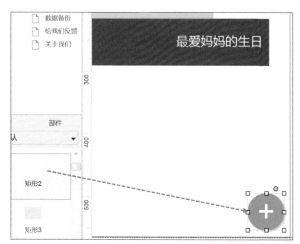

第二部分：交互设置
步骤4

　　选择步骤3中的部
件，双击"鼠标单击时"
事件，打开用例编辑器。

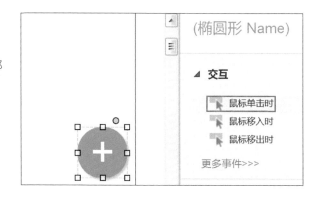

步骤5

编辑用例1

动作1：

添加动作：显示/隐藏；

配置动作：勾选选择要隐藏或显示的部件下的"添加内容1"；

可见性：显示。

动作2：

添加动作：置于顶层/底层；

配置动作：勾选选择要置于顶层或底层的部件下的"添加内容1"；

顺序：置于顶层；

单击"确定"按钮，关闭窗口。

步骤6

生成原型，查看效果。

5.2.6　交互设计5：新记录编辑效果

第一部分：原型界面制作

步骤1

　　双击添加内容1面板，打开动态面板状态管理窗口，双击新增时光状态，打开编辑页面。

步骤2

　　选择标题矩形，单击鼠标右键，在快捷菜单中选择"转换为动态面板"，设置动态面板名称为"标题"。

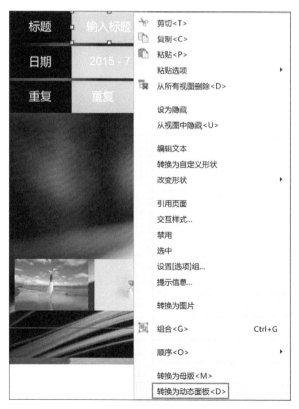

步骤3

双击标题动态面板，打开状态1编辑页面，在检查窗口样式标签中设置面板背景色为蓝色。

步骤4

从部件窗口中拖入1个文本框部件，设置文本框部件长度为247，填充颜色为蓝色。

提示文字为"输入标题"；提示样式：字体尺寸为"18"、字体颜色为白色；勾选"隐藏边框"；

单击鼠标右键，在快捷菜单中选择"设为隐藏"；设置名称为"标题输入框"。

第二部分：交互设置
步骤5

返回到"新增时光"状态编辑页，选中标题面板，双击"鼠标单击时"事件，打开用例编辑器。

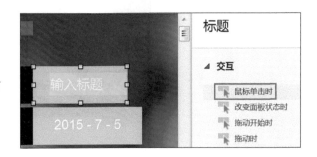

步骤6

编辑用例1

动作1：

添加动作：设置尺寸；

配置动作：勾选选择调整尺寸的部件下的"标题（动态面板）"；

宽：270，高：50，锚点：左上角，动画：线性，时间：1000毫秒。

动作2：

添加动作：显示/隐藏；

配置动作：勾选选择要隐藏或显示的部件下的"标题输入框（文本框）"；

可见性：显示；

单击"确定"按钮，关闭窗口。

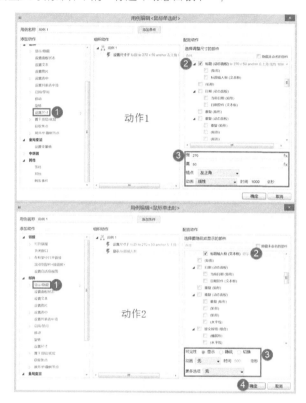

步骤7

重复步骤2~6，用同样的方法，设置日期部件交互。

步骤8

日期部件设置完成后，生成原型查看效果时发现调整部件大小时效果设置不完整。

即单击输入标题后，再次单击输入日期，标题部件的长度和输入框未恢复为默认状态；反之也是如此。

步骤9

选中标题动态面板，双击"鼠标单击时"事件用例，修改用例。

步骤10

动作1：

添加动作：设置尺寸；

配置动作：勾选选择调整尺寸的部件下的"标题"和"日期"；

宽：150，高：50，锚点：左上角，动画：线性，时间：1000毫秒。

增加动作3：

添加动作：显示/隐藏；

配置动作：勾选选择要隐藏或显示的部件下的"日期控件"；

可见性：隐藏；

单击"确定"按钮，关闭窗口。

步骤11

选中日期面板，双击"鼠标单击时"事件用例，修改用例。

步骤12

动作1：

添加动作：设置尺寸；

配置动作：勾选选择调整尺寸的部件下的"标题"和"日期"；

宽：130，高：50，锚点：左上角，动画：线性，时间：1000毫秒。

增加动作3：

添加动作：显示/隐藏；

配置动作：勾选选择要隐藏或显示的部件下的"标题输入框"；

可见性：隐藏；

单击"确定"按钮，关闭窗口。

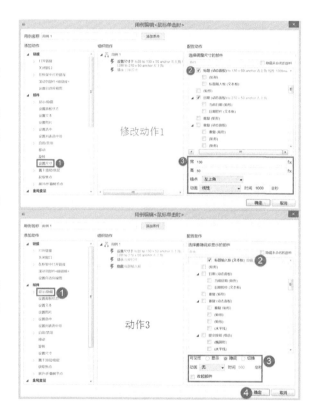

步骤13

选中"新增时光"状态页面中的背景图片，双击"鼠标单击时"事件，编辑用例。

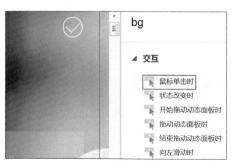

步骤14

动作1：

添加动作：设置尺寸；

配置动作：勾选选择调整尺寸的部件下的"标题"和"日期"；

标题的宽：130，高：50，锚点：左上角，动画：线性，时间：1000毫秒；

日期的宽：150，高：50，锚点：左上角，动画：线性，时间：1000毫秒。

动作2：

添加动作：显示/隐藏；

配置动作：勾选选择要隐藏或显示的部件下的"标题输入框"和"日期控件"；

可见性：隐藏；

单击"确定"按钮，关闭窗口。

步骤15

选择重复矩形，单击鼠标右键，在快捷菜单中选择"转换为动态面板"；设置动态面板名称为"重复"。

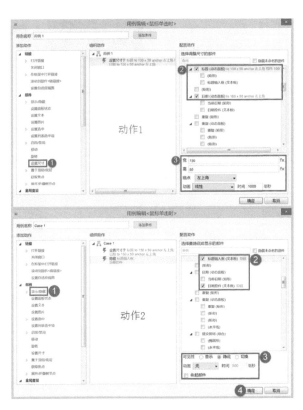

步骤16

双击重复面板，打开动态面板状态管理窗口，新增1个状态。单击编辑全部状态，打开"状态1"和"状态2"编辑面板。

步骤17

复制"状态1"中的部件到"状态2"，适当调整蓝色背景矩形的尺寸，修改矩形名称为"重复2"；

复制1个"重复2"副本，双击副本编辑文本为"不重复"；设置副本名称为"不重复"。

步骤18

返回到新增时光状态编辑页面，选择重复面板。

双击"鼠标单击时"，编辑用例。

步骤19

添加动作：设置面板状态；

配置动作：勾选选择要设置状态的动态面板下的"Set重复"；

选择状态：状态2；

单击"确定"按钮，关闭窗口。

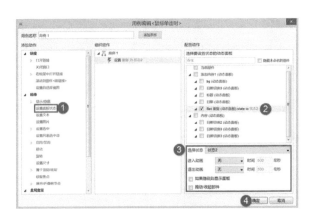

步骤20

双击重复面板，打开"状态2"，在状态2编辑窗口中，选中"重复2"矩形，双击"鼠标单击时"事件，打开用例编辑器。

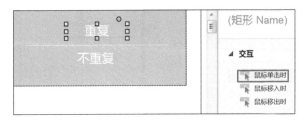

步骤21

动作1：

添加动作：设置面板状态；

配置动作：勾选选择要设置状态的动态面板下的"Set重复"；

选择状态：状态1。

动作2：

添加动作：设置文本；

配置动作：勾选选择要设置状态的动态面板下的"重复"；

设置文本为："部件文字""This"；

单击"确定"按钮，关闭窗口。

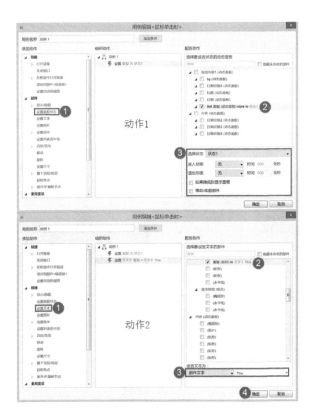

步骤22

复制步骤21中的用例，粘贴到"不重复"按钮的"鼠标单击时"事件中。

步骤23

生成原型，查看效果。

5.2.7 交互设计6：添加一条新记录

第一部分：原型界面交互

步骤1

打开Home页面，双击内容动态面板，打开状态1。

步骤2

  选择背景矩形和2个标签，复制一个副本，修改矩形填充色并调整标签文本。

  分别设置3个部件名称为"jia1""jia2""jia3"；

  单击鼠标右键，在快捷菜单中选择"组合"，设置组合名称为"增加内容"。

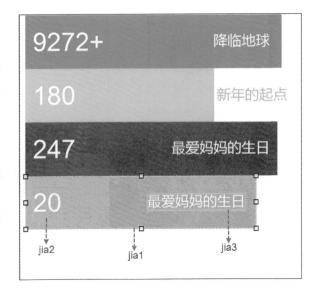

步骤3

  选中增加内容组合，单击鼠标右键，在快捷菜单中选择"设为隐藏"。

步骤4

  返回到Home页面中，找到添加内容1动态面板，双击打开状态1编辑页面。

第二部分：交互设置

步骤5

选中提交按钮，双击"鼠标单击时"事件，打开用例编辑器。

步骤6-1

编辑用例1

动作1：

添加动作：显示/隐藏；

配置动作：勾选选择要隐藏或显示的部件下的"增加内容（组合）"；

可见性：显示。

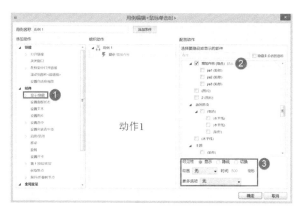

步骤6-2

动作2：

添加动作：置于顶层/底层；

配置动作：勾选选择要置于顶层或底层的部件下的"内容（动态面板）"；

顺序：置于顶层。

步骤6-3

动作3：

添加动作：设置文本；

配置动作：勾选选择要设置文本的部件下的"jia3（矩形）"；

设置文本为："部件文字""标题输入框"。

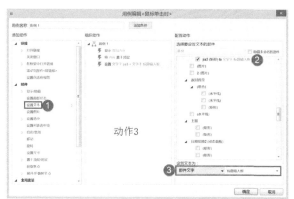

步骤6-4

动作4:

添加动作: 显示/隐藏;

配置动作: 勾选择要
隐藏或显示的部件下的"添
加内容1(动态面板)";

可见性: 隐藏;

单击"确定"按钮,
关闭窗口。

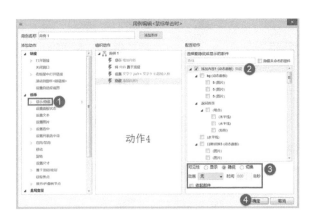

步骤7

生成原型,查看
效果。

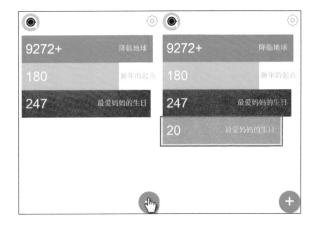

5.3 设计APP "设置"页面

内容说明

1. 用户能够设置时间提醒并记录、显示设置内容。

2. 备份操作过程制作: 即单击数据备份,自动登录QQ账号后选择"开始备份",显示备份进度条提示,备份完成返回设置页面。

3. 提交用户反馈,实现多次提交内容的动态发布和每条反馈发布时的实时时间记录。

4. "关于我们"内容上下滚动查看效果。

5.3.1 设计"设置"页面

步骤1

打开Home页面，双击内容面板，打开状态1编辑页面。

步骤2

从部件窗口中拖入1个图片部件，双击部件导入"4.4.1A.png"。

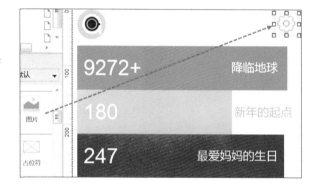

步骤3

打开设置页面，从部件窗口中拖入1个标签部件，编辑标签文本"设置"。

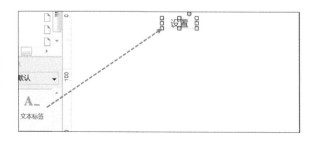

步骤4

　　复制步骤3中的标签，分别修改标签文本为"基本设置""支持我们"，设置文本颜色为灰色。

步骤5

　　再次复制步骤3中的标题，制作"提醒方式""数据备份""给我们反馈""关于我们"按钮，垂直排列。

步骤6

　　选择步骤5中的部件，复制副本，放置在每个标题的后面。除提醒方式修改文本为"提前一天提醒>"，并设置名称为"提醒方式"外，其他标签文本修改为">"，设置文本颜色为蓝色。

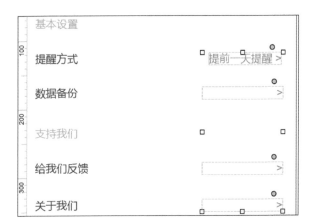

步骤7

生成原型，查看效果。

5.3.2 交互设计1：提醒设置

第一部分：原型界面制作

步骤1

从部件窗口中拖动态面板，放置在设置页面的底部，宽度设置为403，设置面板名称为"提醒面板"。

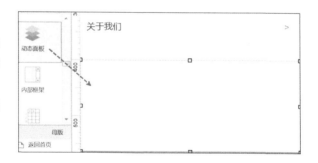

步骤2

双击提醒面板，打开动态面板状态管理窗口，双击"状态1"，打开状态1编辑页面。

步骤3

　　分别拖入 3 个标签，垂直排列，分别设置标签文本为"提前一天提醒""提前两天提醒""取消"。

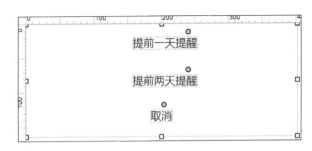

步骤4

　　在3个标签中，拖入2条水平线，设置水平线长度，设置线条颜色为灰色。

第二部分：交互设置

步骤5

　　返回到设置页面，选择文本为"提前一天提醒>"的按钮，双击"鼠标单击时"，打开用例编辑器。

步骤6

编辑用例1

添加动作：显示/隐藏；

配置动作：勾选选择要隐藏或显示的部件下的"提醒面板（动态面板）"；

　　可见性：显示，动画：向上滑动，时间：1000毫秒，更多选项：灯箱效果，背景色：灰色。

　　单击"确定"按钮，关闭窗口。

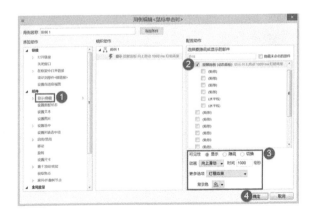

步骤7

双击提醒面板，进入"状态1"编辑页面，选择文本为"提前一天提醒"的按钮，双击"鼠标单击时"事件，打开用例编辑器。

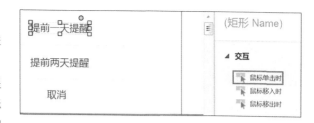

步骤8

编辑用例

动作1：

添加动作: 设置文本;

配置动作：勾选选择要设置文本的部件下的"提醒方式（矩形）"；

设置文本为"部件文字""This"。

动作2：

添加动作: 显示/隐藏;

配置动作: 勾选选择要隐藏或显示的部件下的"提醒面板(动态面板)"；

可见性：隐藏，动画：向上滑动，时间：500毫秒;

单击"确定"按钮，关闭窗口。

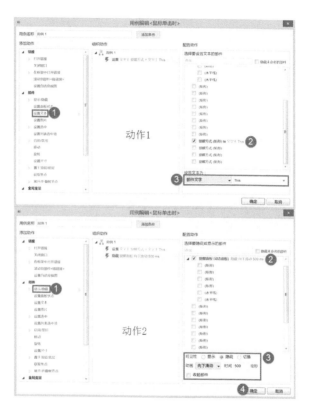

步骤9

复制步骤8中的用例到文本为"提前两天提醒"和"取消"按钮上。

步骤10

选中"取消"按钮，在"鼠标单击时"事件中，删除动作1。

步骤11

生成原型，查看效果。

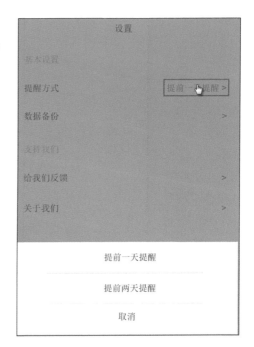

5.3.3　交互设计2：QQ自动登录效果

第一部分：原型界面制作

步骤1

打开数据备份页面，从部件窗口中拖曳1个矩形1部件，选择形状为圆形；调整圆形大小。

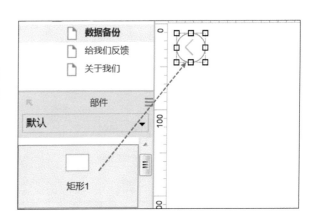

步骤2

在工具栏中选择钢笔工具，在圆中画一个向左的箭头。全选步骤1和步骤2的部件，单击鼠标右键，在快捷菜单中选择"组合"，在检查窗口中选择"创建连接"，下拉选项选择"设置"。

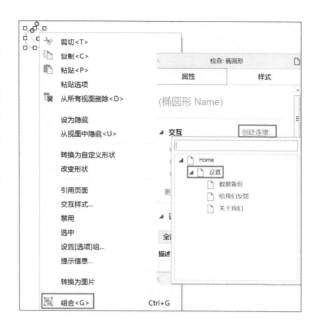

步骤3

选中组合，单击鼠标右键，在快捷菜单中选择"转换为母版"；设置母版名称为"返回设置"。

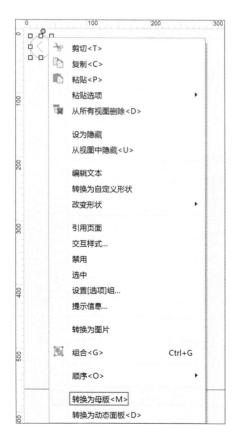

步骤4

拖曳1个文本标签到编辑页面，双击标签修改文本为"数据备份"。

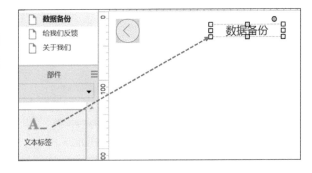

步骤5

拖入动态面板，调整面板大小，设置面板名称为"qq授权"。双击动态面板，打开"状态1"编辑页面。

步骤6

从部件窗口中拖入1个图片部件，双击导入"4.4.3A.png"。

步骤7

从部件窗口中拖入
2个图片部件，双击导入
"4.4.3B.png" "bg3.jpg"，
调整位置与大小。

步骤8

从部件窗口中拖入
1个标签部件，双击编
辑文本为"用户名（qq
号）"。

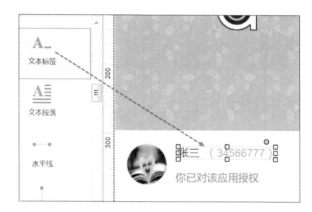

第二部分：交互设置
步骤9

返回到设置页面，选
中数据备份后的">"按
钮，双击"鼠标单击时"
事件，打开用例编辑器。

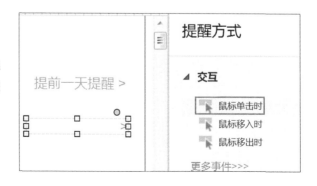

步骤10

添加动作：打开
链接；

配置动作：打开位置
为当前窗口，选择链接到
当前项目的某个页面下的
"数据备份"；

单击"确定"按钮，
关闭窗口。

步骤11

打开数据备份页面，
单击当前页面，双击"页
面载入时"事件，打开用
例编辑器。

步骤12-1

编辑用例1

动作1：

添加动作：显示/隐藏；

配置动作：勾选选
择要隐藏或显示的部件
下的"qq授权（动态面
板）"；

可见性：显示。

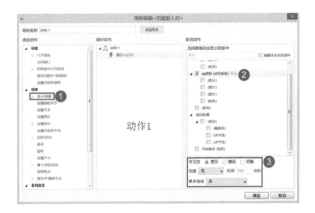

步骤12-2

动作2:

添加动作: 等待;

配置动作: 等待时间
2000 毫秒。

步骤12-3

动作3:

添加动作: 显示/隐藏;

配置动作: 勾选选
择要隐藏或显示的部件
下的 "qq授权 (动态面
板)";

可见性: 隐藏;

单击 "确定" 按钮,
关闭窗口。

步骤13

生成原型, 查看
效果。

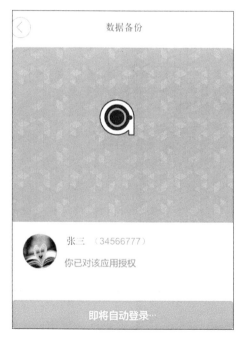

5.3.4 交互设计3：备份操作

第一部分：原型界面制作

步骤1

　　打开数据备份页面，从部件窗口中拖入1个矩形2部件，双击矩形编辑文本为
"开始备份"。设置填充
色为蓝色，文本颜色为白
色，设置矩形名称为"开
始备份"。

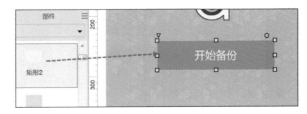

步骤2

　　选择"开始备份"
按钮，单击鼠标右键，在
快捷菜单中选择"设为
隐藏"。

步骤3

　　从部件窗口中拖入动
态面板，设置动态面板名
称为"提示"。双击动态
面板，打开"状态1"编
辑页面。

步骤4

从部件窗口中拖入1
个图片部件，双击部件导
入图片"4.4.4A.gif"。

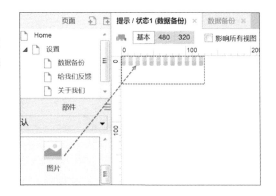

步骤5

从部件窗口中拖入1
个标签部件，双击标签部
件编辑文本为"数据备份
完成"，设置文本颜色为
灰色。

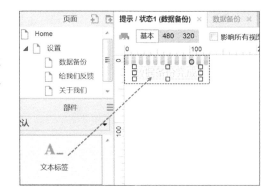

步骤6

全选步骤4和步骤5
中的部件，返回到数据
备份页面，选中提示动态
面板，单击鼠标右键，在
快捷菜单中选择"设为
隐藏"。

步骤7

返回到数据备份页
面，选中提示面板，在工具
栏中选择"置于底层"。

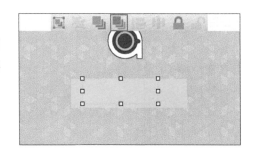

第二部分：交互设置

步骤8

单击页面，双击"页面载入时"事件用例1，打开用例编辑页面，增加动作4。

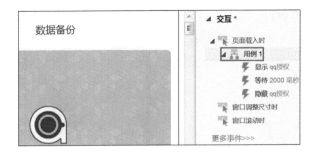

步骤9

编辑用例1

动作4：

添加动作：显示/隐藏；

配置动作：勾选选择要隐藏或显示的部件下的"开始备份（矩形）"；

可见性：显示；

单击"确定"按钮，关闭窗口。

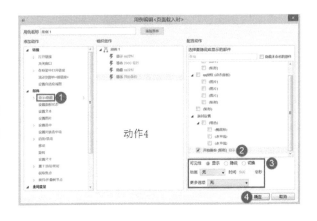

步骤10

选择"开始备份"按钮，双击"鼠标单击时"事件，打开用例编辑器。

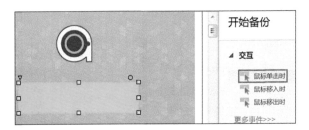

步骤11-1

编辑用例1

动作1：

添加动作：显示/隐藏；

配置动作：勾选选择要隐藏或显示的部件下的"开始备份（矩形）"；

可见性：隐藏。

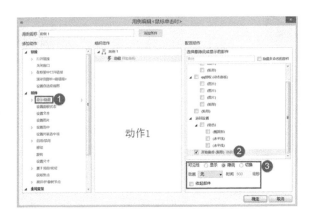

步骤11-2

动作2：

添加动作：显示/隐藏；

配置动作：勾选选择要隐藏或显示的部件下的"提示（动态面板）"和"（图片）"；

可见性：显示。

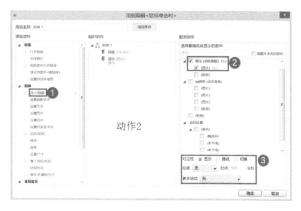

步骤11-3

动作3：

添加动作：等待；

配置动作：等待时间1000毫秒。

步骤11-4

动作4：

添加动作：显示/隐藏；

配置动作：勾选选择要隐藏或显示的部件下的"（矩形）"；

可见性：显示。

步骤11-5

动作5：

添加动作：等待；

配置动作：等待时间3000毫秒。

步骤11-6

动作6：

添加动作: 打开链接；

配置动作: 打开位置为当前窗口，选择链接到当前项目的某个页面下的"设置"；

单击"确定"按钮，关闭窗口。

步骤12

生成原型，查看效果。

5.3.5 交互设计4：提交动态反馈

第一部分：原型界面制作

步骤1

打开"给我们反馈"页面，拖入"返回设置"母版。

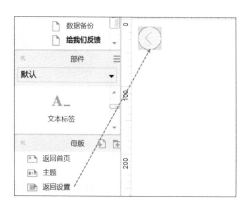

步骤2

从部件窗口中拖入1个标签部件，双击编辑文本为"用户反馈"。

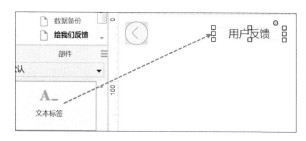

步骤3

从部件窗口中拖入1个中继器，双击中继器，打开中继器编辑页面。

步骤4

在中继器数据集中，编辑前两列为"date""text"，每列下面不输入数据。

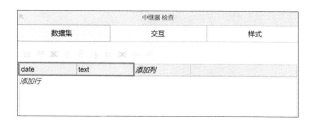

步骤5

在中继器编辑页面中已有1个矩形，设置矩形大小（*w*:390，*h*:30）；填充颜色为灰色，设置矩形名称为"1"。

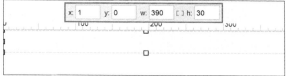

步骤6

从部件窗口中拖曳1
个标签部件，设置标签部
件名称为"2"。

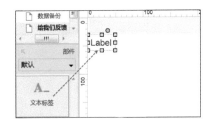

第二部分：交互设置

步骤7

在检查窗口的交互标签下，双击"每项加载时"事件用例1，打开用例编辑器。

添加动作：设置文本；

配置动作：选择要设
置文本的部件。

1的设置文本为：
"值" "[[Item.date]]"；

2的设置文本为：
"值" "[[Item.text]]"；

单击"确定"按钮，
关闭窗口。

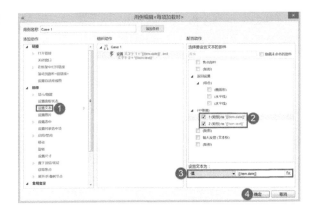

步骤8

返回到"给我们反馈"页面，拖入1个矩形1部件，在页面的最下面，设置背景
色为灰色，作为背景。

步骤9

复制步骤8中的矩形，
设置成按钮大小，双击矩
形编辑文本为"发送"。

步骤10

从部件窗口中拖入1个文本输入框，在检查窗口的属性标签下勾选"隐藏边

框"，设置部件名称为
"输入反馈"。

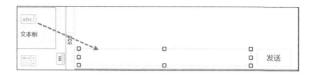

步骤11

　　选择步骤9中的"发
送"按钮，双击"鼠标单
击时"事件，打开用例编
辑器。

步骤12-1

　　编辑用例1；

　　动作1：

　　添加动作：添加行；

　　配置动作：勾选选
择要添加行的中继器下的
"（中继器）"；

　　单击"添加行"按
钮，在添加行到中继器窗
口中进行设置。

　　date：单击"fx"，
在编辑值窗口中输
入[[Now.getFullYear()]]
年[[Now.getMonth()]]
月[[Now.getDate()]]日
[[Now.getHours()]]:[[Now.
getMinutes()]]；

　　text：在插入变量
中输入[[LVAR1]]，设置
"LVAR1" "=" "部件文
字" "输入反馈"。

　　单击"确定"按钮，
关闭窗口。

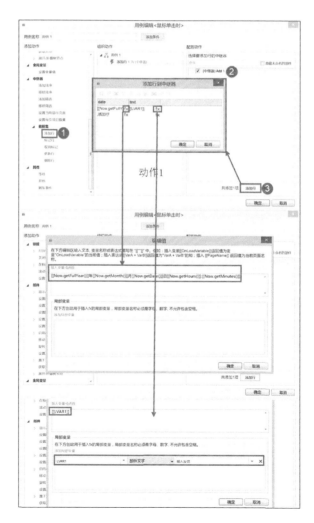

步骤12-2

　　动作2:

　　添加动作: 设置文本;

　　配 置 动 作 : 勾 选 选
择要设置文本的部件下的
"输入反馈（文本框）";
设置文本为:"值"。

　　单 击 "确 定" 按 钮 ,
关闭窗口。

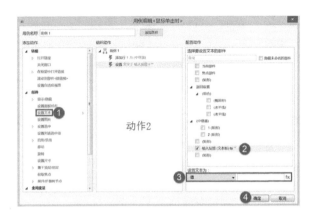

步骤13

　　生 成 原 型 ， 查 看
效果。

5.3.6 交互设计5: 可上下滚动的 "关于我们"

步骤1

　　打开 "关于我们" 页
面, 拖入 "返回设置" 母版。

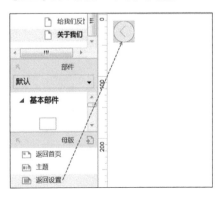

步骤2

从部件窗口中拖入1个文本标签部件，双击编辑文本为"关于我们"。

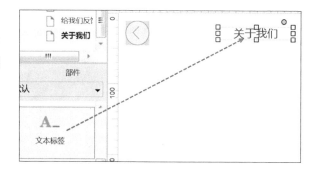

步骤3

从部件窗口中拖入动态面板，双击动态面板，打开"状态1"编辑页面。

步骤4

从部件窗口中拖入1个标签部件，在标签中输入关于自己的文本介绍，文本字数应长于显示的高度，这样才需要上下滚动查看内容。

步骤5

　　返回到"关于我们"页面，
设置面板大小（*w*:410，*h*:504）；
注意要把动态面板的垂直滚动条
放置在垂直辅助线的外面，这样
内容在滚动时，才不会看到滚动
条，界面显示效果比较好。

关于我们　　　　→辅助线

对于开发者来说，如何在应用商店中对自己的App做好描述是很重要的，毕竟对许多用户而言，这是产品带给他们的"第一印象"，一段出色的描述语句，可以有效地吸引用户下载——尤其是那些此前对你们的产品并不了解的用户。这虽然属于细节，但从优化层面上来说，作用不小。　　　　滚动条

万事开头难。写App描述的开头也是如此。

这是因为，在App store之类的应用商店上，一大段的应用描述中，用户能看到的通常只是前两三句。接下来的文字，往往需要点击"更多"或是"详细"之类的按钮才会进一步显示出来。

比如对于iPhone，在其App Store中，用户能直接看到的是开头的225个字符(大约是112个汉字)。也就是说，整个应用程序描述的字数限制为4000个字符，但是最开头的225个字符决定了用户会不会继续看完后面的描述语句。

因此我们的建议是保持简明风格(当然，这里的前提是，开发者已经在应用名称、应用截图上能给用户一个大体的概念)，然后在后续内容中对App进行更深入的描述。

你必须清楚和简洁，但应用程序名称和截图应该已经创建了一个明确的应用程序，你可以在副本进入更深

步骤6

　　生成原型，查看效果。

关于我们

对于开发者来说，如何在应用商店中对自己的App做好描述是很重要的，毕竟对许多用户而言，这是产品带给他们的"第一印象"，一段出色的描述语句，可以有效地吸引用户下载——尤其是那些此前对你们的产品并不了解的用户。这虽然属于细节，但从优化层面上来说，作用不小。

万事开头难。写App描述的开头也是如此。

这是因为，在App store之类的应用商店上，一大段的应用描述中，用户能看到的通常只是前两三句。接下来的文字，往往需要点击"更多"或是"详细"之类的按钮才会进一步显示出来。

比如对于iPhone，在其App Store中，用户能直接看到的是开头的225个字符(大约是112个汉字)。也就是说，整个应用程序描述的字数限制为4000个字符，但是最开头的225个字符决定了用户会不会继续看完后面的描述语句。

因此我们的建议是保持简明风格(当然，这里的前提是，开发者已经在应用名称、应用截图上能给用户一个大体的概念)，然后在后续内容中对App进行更深入的描述。

你必须清楚和简洁，但应用程序名称和截图应该已经创建了一个明确的应用程序。你可以在副本进入更深